DESIGN

高等职业教育艺术设计类专业实践教材
21世纪高等职业教育艺术设计类专业规划教材
示范性高职院校工学结合课程建设教材

皮鞋工艺

Leather Shoe Technology

中国高等职业技术教育研究会艺术设计类专业协作委员会/组编

◎主　编：史丽侠
◎副主编：李　贞　王　剑
◎参　编：宋法增　叶颖颖
　　　　　童　希　任小波

湖南大学 出版社

内容简介

　　本书介绍了皮鞋工艺流程、流水线与各工艺步骤的知识与操作技能，包括裁断、鞋帮、鞋底等工艺技术，并列举了皮鞋制作工艺的相关范例。

　　本书为高等职业教育艺术设计类专业教材，亦可供制鞋企业技术人员与技术工人学习参考。

图书在版编目(CIP)数据

皮鞋工艺/史丽侠主编. —长沙：湖南大学出版社，2009.3
（高等职业教育艺术设计类专业实践教材）
ISBN 978-7-81113-589-3
Ⅰ．皮... Ⅱ．史... Ⅲ．皮鞋—生产工艺—高等学校：技术学校—教材
Ⅳ.TS943.712
中国版本图书馆CIP数据核字(2009)第018508号

高等职业教育艺术设计类专业实践教材

皮鞋工艺
Pixie Gongyi

主　　编：史丽侠

总 主 编：张小纲　陈　希
策　　划：李　由　胡建华

责任编辑：李　由　张美利
责任印制：陈　燕
设计制作：周基东设计工作室
出版发行：湖南大学出版社
社　　址：湖南·长沙·岳麓山　　邮编：410082
电　　话：0731-8822559(发行部)　8649149(艺术编辑室)　8821006(出版部)
传　　真：0731-8649312(发行部)　8822264(总编室)
电子邮箱：pressliyou@hnu.cn
网　　址：http://press.hnu.cn
印　　装：湖南东方速印科技股份有限公司

规　　格：889×1194　16开
印　　张：8　　　　　　　　字数：247千
版　　次：2009年3月第1版　　　印次：2009年3月第1次印刷
印　　数：1～4 000册
书　　号：ISBN 978-7-81113-589-3/J·141
定　　价：38.00元

ART
DESIGN

示范性高职院校工学结合课程建设教材

参 编 院 校

深圳职业技术学院	黑龙江建筑职业技术学院
广州番禺职业技术学院	青岛职业技术学院
长沙民政职业技术学院	北京电子科技职业技术学院
天津职业大学	温州职业技术学院
武汉职业技术学院	江西陶瓷工艺美术职业技术学院
南宁职业技术学院	湖南工艺美术职业学院
宁波职业技术学院	湖南科技职业技术学院

合作企业与行业协会

香港兴利集团	南宁被服厂
香港艺宝制品有限公司	南宁乔威服装有限公司
美亿珠宝(香港)有限公司	湖北博克景观艺术设计工程有限公司
广州美联广告有限公司	湖南龙天文化传播有限公司
广州新英思广告有限公司	湖南中诚建筑装饰工程有限公司
深圳家具研究开发院	湖南新宇装饰工程有限公司
深圳市景初家具设计有限公司	长沙大银文化传播有限公司
深圳市华源轩家具股份有限公司	善印行数码快印行
深圳仙路珠宝首饰有限公司	景德镇新空间设计中心
深圳市浪尖工业产品造型设计有限公司	北京大汉文化产业有限公司
东莞华伟家具有限公司	广东省包装技术协会设计委员会
圆通设计	广东省商业美术设计行业协会
浙江瑞时集团	广州工艺美术行业协会
杭州异光广告摄影机构	深圳市工艺美术行业协会
宁波美达柯式印刷有限公司	深圳市家具行业协会
宁波杨旭摄影设计工作室	宁波平面设计师协会
温州瑞安兄弟连设计机构	湖南省设计艺术家协会

高等职业教育艺术设计类专业实践教材

◆ 史丽侠

原籍河北唐山。2002年毕业于陕西科技大学（原西北轻工业学院）革制品设计专业，目前正攻读陕西科技大学的硕士学位，现为温州职业技术学院讲师、教研室主任。

主讲课程：皮鞋工艺技术、鞋样CAD、皮革材料应用等。在《中国皮革》、《西部皮革》、《皮革科学与工程》杂志上发表了多篇专业论文。

总序

　　深化以工学结合为核心的人才培养模式改革，是当前我国高职教育加强内涵建设的重要内容，也是实现高等职业教育人才培养目标的重要保证。作为一种以理论与实践紧密结合为特征的教育模式和教育理念，工学结合强调高职教育的人才培养工作要以职业为导向，充分利用学校内外不同的教育环境和资源，把以课堂教学为主的学校教育和直接获取实际经验的校外工作有机结合起来。落实工学结合教育模式的关键，不只是如何安排学生下企业顶岗实习，或让学生在毕业前到企业顶岗多长时间的问题，而是怎样将这种教育理念贯穿于学生培养的全过程，渗透到学校人才培养工作的方方面面，这其中就包括我们的课程建设和教材建设。

　　教材是实施教学计划的主要载体，也是专业教学改革和课程建设成果的具体体现。长期以来，我国高等职业教育教学改革和课程建设之所以一直未能跳出学科体系的藩篱，摆脱基于学科体系教学模式的束缚，使得作为体现高职教育特色的实践教学教材也难脱窠臼，其关键问题就在于我们的教学改革、课程建设和教材建设还没有真正贯彻工学结合的教育理念，严重脱离企业生产的实际，始终不能适应职业岗位的真正需要。令人欣喜的是，深圳职业技术学院、广州番禺职业技术学院、长沙民政职业技术学院、宁波职业技术学院等院校联合主编了一套高等职业教育艺术设计类专业实践教学系列教材，令人耳目一新。选择实践教学教材作为突破口，努力将工学结合的教育理念贯穿于教材建设之中，将教学改革和课程建设的成果直接体现于教材建设之中，更是令人振奋不已。

　　我一直认为，艺术设计类专业是创造性很强的专业，而相对于工科专业来说，这类专业在贯彻工学结合上应该难度更大，更不容易落实。然而，这套教材的编辑出版，令我消除了这方面的疑虑，也更增强了我对高职教育深化以工学结合为核心的人才培养模式改革的信心。这套教材的特色十分鲜明。在教学内容的选择和编排上，以企业生产实际工作过程或项目任务的实现为参照来组织和安排；在编写方法上，多采用项目导入模式来编写，以实际工作项目及鲜活的设计案例贯穿全书。整套教材全部由具有实践教学经验、企业实际工作经验丰富的"双师型"教师来编写，尤其注重吸纳企业生产一线的专家、设计师和技术人员参加，从而确保了教材内容能够与企业生产实际紧密结合，这无疑是校企合作的重要成果。更为可喜的是，这套教材主要由国家示范性高职院校的相关专业带头人或骨干教师领衔主编，充分反映了近年来，尤其是示范院校建设以来各参编院校艺术设计类专业在工学结合理念指导下进行教学改革和课程建设的成果。总之，我认为这套教材贴近生产，贴近技术，贴近工艺，操作性强，且图文并茂，形式新颖，深入浅出，具有很强的实用性和针对性。不仅是一套高职教育艺术设计类专业实践教学的好教材，而且也是高职艺术设计类专业学生进行自我训练和自主学习的优秀实训指导书。

当然，这套教材毕竟是以工学结合理念为指导进行教材编写的尝试之作，其中难免还有一些不成熟之处，比如在项目、案例选择的典型性，知识介绍的简约性，考核内容的科学性，文字表达上的可读性等方面还有值得提升的空间。但这套教材中所贯穿工学结合的理念和改革的方向，是值得广大高职教育工作者学习和借鉴的。我相信，按照这样一种思路和方向不断坚持探索，高职教育的课程建设和教材建设一定能结出累累硕果，高职教育的人才培养质量一定能不断提升。

2008年8月

姜大源 | 教育部职业技术教育研究中心研究员、教授
中国职业技术教育学会职教课程理论与开发研究会主任

目 录

第一单元
概述

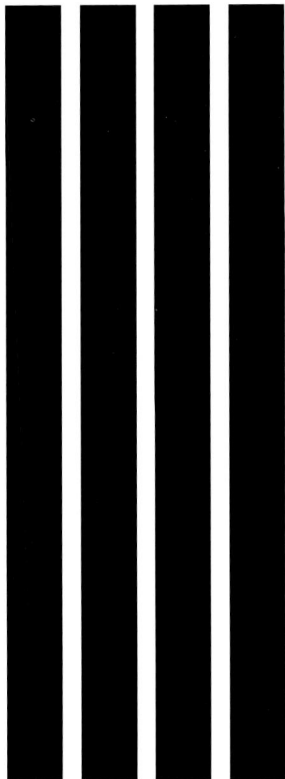

0 绪论

人们日常生活当中的皮具产品主要包括皮鞋、皮包、皮箱、皮夹、皮带、皮手套等，如图0-1所示。

a 真皮鞋　　　　b 合成革鞋　　　　c 女包　　　　d 皮夹

e 皮带　　　　f 皮箱　　　　g 皮手套

图0-1　皮具展示

皮鞋工艺是指根据脚型规律、楦型结构及美学知识设计出的各个鞋部件，通过使用一定的机械、设备、工具，经过一定的操作步骤，按照一定的技术要求和产品标准组合在一起的生产工艺过程。

在现代企业里，皮鞋的制作工艺主要包括两种模式：手工制作精品鞋与批量化机械化制作普通民用鞋。按不同的分类方法，皮鞋有多种不同的分类方式：

高等职业教育艺术设计类专业实践教材

a 线缝皮鞋合底前

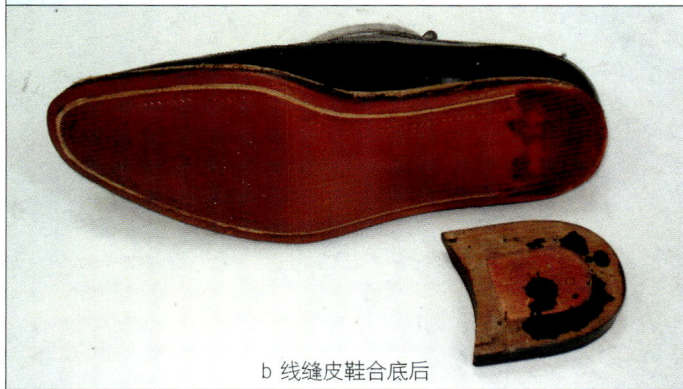

b 线缝皮鞋合底后

图0-2　线缝鞋

图0-3　胶粘鞋

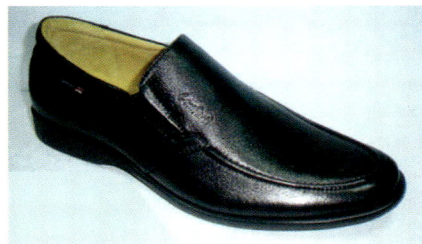

图0-4　男单鞋

图0-5　男单鞋

0.1　皮鞋的分类与命名

(1)皮鞋的分类

按制鞋工艺分类，皮鞋一般可以分为以下四类：

①线缝鞋。是指采用线缝的方法将鞋帮与鞋底结合的鞋类，如图0-2所示。其制作工艺复杂、劳动强度大，主要用于高档男女鞋、劳保鞋和军品鞋的生产。

②胶粘鞋。是指使用胶粘剂将鞋帮和鞋底黏合在一起的鞋类，如图0-3所示。成品鞋轻巧美观，加工工艺简单，劳动强度小。适合大规模的工业化生产，是现代制鞋工业采用最多的帮底结合方法，也是本书将要讲述的皮鞋制作工艺。

③模压鞋。是指根据橡胶的热硫化性能，在底模中加入未硫化的混炼胶，通过热、压的作用使橡胶硫化，同时实现帮底结合的鞋类。其制作工艺简单，加工速度快，但需要大型专业生产设备，而且生产过程中能耗高、污染大，产品的成型稳定性和卫生性能差，属中低档产品，多用于劳保鞋和军品鞋的生产。

④注压鞋。是指与模压鞋的生产工艺相似，加工过程中将未硫化的胶底与帮套黏合，送入硫化罐，通过热压作用，使胶料硫化成型，并实现帮底的牢固结合的鞋类。其制作工艺比模压工艺更加简便，生产效率更高，但产品的成型性和卫生性能更差，属低档产品，多用于运动鞋、童鞋等产品的生产。

比较以上制鞋工艺，胶粘鞋以其巨大的优势成为民用鞋生产中的主要工艺模式，故此本书将重点讲解胶粘鞋的生产工艺规程；同时了解皮鞋的结构是学习皮鞋工艺制作的基础，因为皮鞋工艺就是将鞋的各零部件结合在一起的过程。

(2) 皮鞋的命名

①通俗命名法。按帮底组合工艺—帮面材料、式样—穿用对象、季节—鞋号、型号顺序命名。如图0-4所示：胶粘黑色纳帕革围盖式男单鞋25(三型)。

②科学系统命名法。按帮面色泽材料—鞋帮样式—鞋底材料、式样(包括跟型)—帮底组合工艺—穿用对象—鞋号、型号顺序命名。如图0-5所示的皮鞋命名为：棕色牛皮横条舌式TPR组合底胶粘男单鞋25(三型)。

高等职业教育艺术设计类专业实践教材

0.2 皮鞋的结构与部件

（1）皮鞋的结构

如图0-6所示为一只男鞋的剖面图，我们从中可以看到一只成鞋结构包括四部分：

① 鞋帮：帮面+帮里+衬料。如图0-7所示为鞋帮，衬料夹在帮面与帮里之间。如图0-8所示为黏合成皮革反面的白色材料均为衬布。

② 鞋底：中底+外底。如图0-9a所示，钉在楦底上的为真皮中底；如图0-9b所示为弹性纸板中底；如图0-9c所示为外底。

③ 鞋跟：成型底跟；组合底跟：跟柱+包鞋跟皮+鞋跟面皮。

④ 辅件：鞋带+毛刺+扣眼+饰扣

a 皮鞋左剖断面

b 皮鞋右剖面

图0-6

图0-7 鞋帮

图0-8 衬料

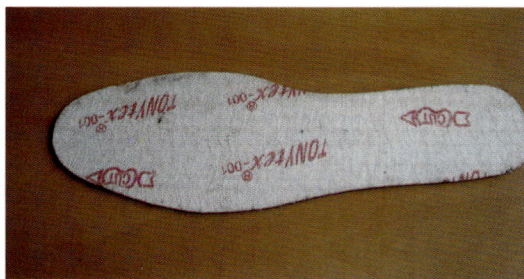

图0-9a

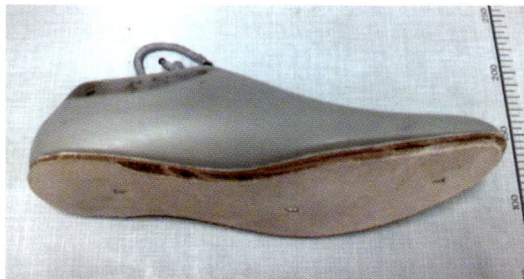

图0-9b

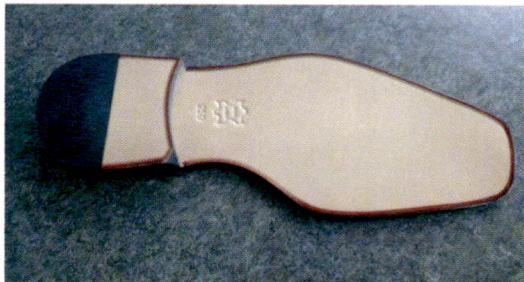

图0-9c

(2)皮鞋的部位及部件

皮鞋的部件名称如图0-10所示，一般包括如下部件：

①鞋帮：前帮(前帮盖+前帮围+横担+包头前条皮)、中帮(指前帮小趾端点以后，后帮以前的部件)、后帮(外包跟+保险皮+提带皮)、后中帮(鞋耳与外包跟之间的部件，主要用于耳式鞋)、辅件(鞋带皮、鞋钎皮、沿口皮、编织件、穿条编花皮、装饰件、嵌线皮和毛口等)。

②帮里：条带式帮里、前排布里、后帮布里、鞋舌里、鞋带里、鞋带、靴筒里、护耳皮、护口皮⋯⋯

③衬料：用来夹在面里之间，起支撑定型和保护部件作用。可分为中衬、合缝衬布等。

④鞋底：外底、内底、半内底、中底、主跟、内包头、勾心。鞋底材质：皮底、橡胶底、塑料底(PVC)、橡塑底、聚氨酯、PU、EVA、PE⋯⋯

⑤鞋跟：大掌面、小掌面、跟柱、包鞋跟皮、跟口面、鞋跟面皮(粗面)、跟口线。鞋跟材质：皮、橡胶、木、塑料、金属。

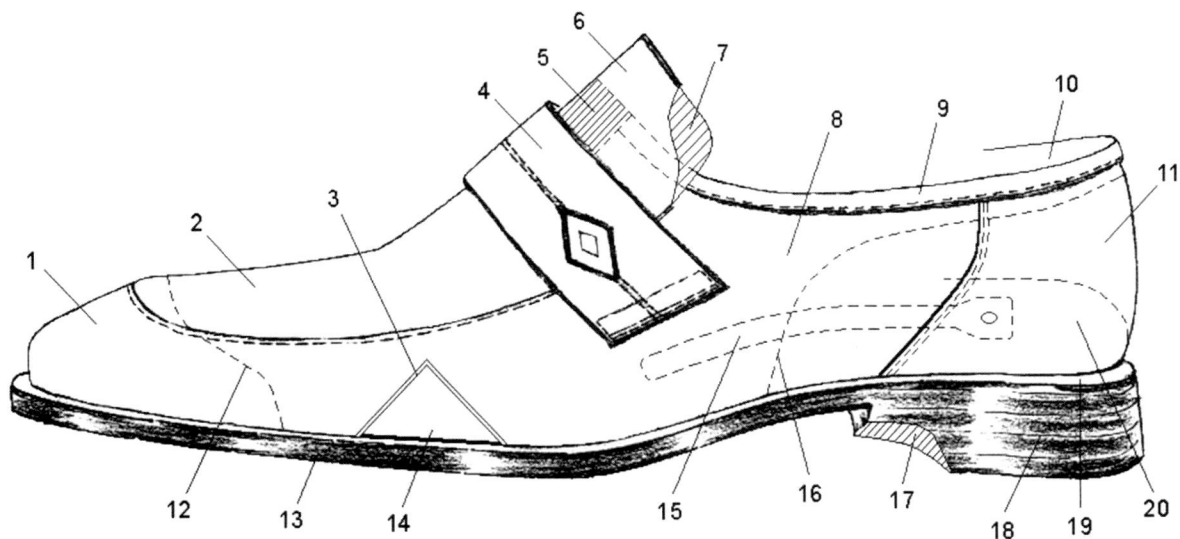

1-前帮围	2-前帮盖	3-前帮里	4-横　条	5-松紧带
6-鞋　舌	7-鞋舌里	8-后中帮	9-沿口皮	10-后帮里
11-后包跟	12-内包头	13-外　底	14-内　底	15-鞋勾心
16-主　跟	17-橡胶跟	18-包跟皮	19-盘　条	20-鞋　垫

图0-10 皮鞋部件名称

高等职业教育艺术设计类专业实践教材

0.3 制鞋工具与工艺流程

（1）制鞋用工具

剪刀、锤子、绷帮钳、高头缝纫机、片削机以及制鞋流水线、冲以及其他小工具。如图0-11所示。

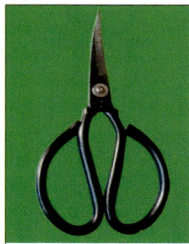

a 剪刀

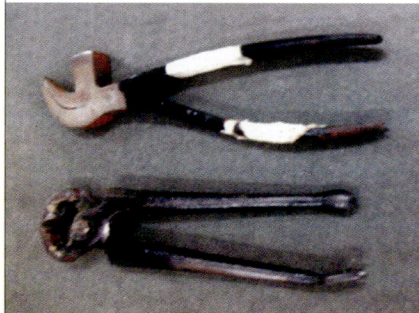

c 绷帮钳　　　　　　　　d 高头缝纫机

e 片削机　　　　　　　　f 冲

g 制鞋流水线

图0-11　制鞋用工具

(2)制鞋工艺流程

以胶粘皮鞋为例，制鞋的工艺流程一般包括以下工序：

①裁断：裁断也称帮料划裁，是根据设计要求，使用下料样板及各种刀模、工具，将制鞋材料划裁成既定形状及规格的部件、里件和底件的过程，如图0-12所示。

②片边：通过手工或机器的片刨来调整片削帮料，如图0-13所示。

③将部件边缘折合，主要为了边缘的美观，如图0-14所示。

④制帮：缝制鞋帮，主要用高头缝纫机缝合，如图0-15a所示。在现代大型企业中多采用流水作业缝制鞋帮，主要是为了提高生产效率和产品质量，如图0-15b所示。

⑤制底：制鞋企业不需要制底，制底由专门企业完成，包括外底和中底。

⑥帮底组合：主要在整形车间完成，现代制鞋企业多采用流水作业，如图0-16所示。

皮鞋工艺是一门实践性很强的技术，内容十分广泛，要求学生注重理论联系实际，在实际操作中巩固和验证所学的理论知识，提高运用理论解决实际问题的能力。

在本书以后单元的设计中，主要按照制鞋的流程来讲述。

图0-12

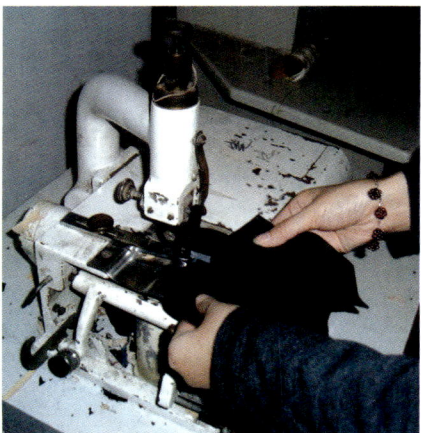

图0-13

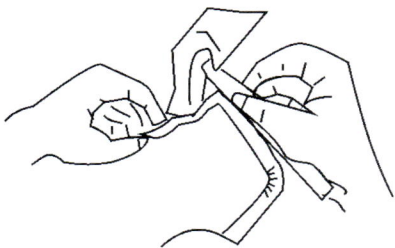

图0-14

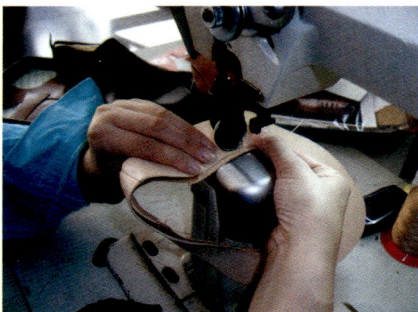

图0-15a 缝帮

图0-15b 缝帮流水线

图0-16 成型流水线

高等职业教育艺术设计类专业实践教材

1 裁断

本章介绍制鞋工艺中第一步操作：裁断。主要介绍了制鞋材料特点、套划方法及裁断方法。学生重点学习套划方法，学习过程要和实践操作紧密结合。

裁断也称帮料划裁，是根据设计要求，使用下料样板及各种刀模工具，将制鞋材料划裁成既定形状及规格的部件、里件和底件的过程。

裁断是制鞋同时也是制帮的第一道工序，对于天然皮革或没有刀模的情况而言，包括划料和下料；而对于合成材料而言，直接下料即可。划料对于成鞋的质量起着至关重要的作用，尤其是天然皮革，存在着部位差（主次和好坏）和纤维走向的问题，影响产品成本和产品质量，所以应该合理套划。

1.1 帮料概述

帮料包括面料、里料和衬料，三者都需要按照样板在相应的材料上以机器冲裁或手工划裁的方式进行裁断，以加工出不同形状的鞋帮部件。采用何种方式裁断与材料的性质有关。

1.1.1 帮料特点
帮料包括天然皮革、合成革、纺织材料，以天然皮革为主。
(1)天然皮革
天然皮革与其他代用材料的比较特点：前者吸湿、透气，其天然粒纹是其他材料所无法比拟的，是制帮的主要和首选材料。但是天然皮革又有部位差、伤残、纤维走向区别的缺点，所以要"看皮下料"。

常用材料：制帮用的天然皮革包括面料和里料。面料通常采用铬鞣为主的猪、牛、羊皮，猪、牛皮较厚(1.2～1.8mm)；羊皮较薄(0.8～1.2mm)，里料一般采用头层和第二层的猪皮里革。
(2)代用材料
特点：制帮用的代用材料主要包括合成革、人造革、纺织材料。代用材料和天然皮革比较而言，前者虽然性能方面次之，如：吸湿性、透气性、天然纹理差；但是它的通张厚薄、色泽、强度等性质均一、相同，不存在部位差，有些性质甚至优于天然皮革。代用材料一般在反面加一层网状离子布，主要作用是增加材料的抗张强度，如图1-0所示。
(3)鞋用里料
里料分天然里革和代用材料里革(合成革、毡、呢、人造毛皮)，和帮面材料的裁断原则基本一致。
(4)衬料
包括主跟、包头、衬布，不论是热熔胶片还是化学片，均采用机器叠裁的方式。

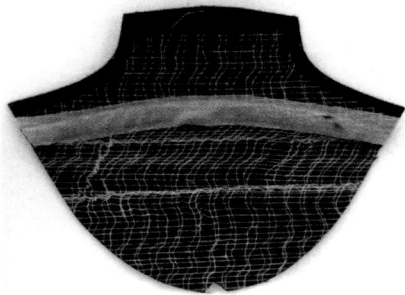
图1-0 加离子布的合成革反面

1.1.2 天然皮革与鞋帮部件下裁间的关系

(1) 鞋帮部件下裁位置的问题

天然皮革存在部位差，所以要看皮下料，即根据动物的形体特征进行部位划分，总体原则是：主要部位下裁主要部件，次要部位下裁次要部件，如图1-1所示。

①背部：属于主要部位，表面光滑、粒面细致、纤维编织紧密，利用率高，用于下裁前帮等主要部件；

②臀部：属于主要部位，纤维粗壮，编织紧密，强度和耐磨性能最好。用于下裁前帮等主要部件。此外马皮臀部有两块椭圆形皮，俗称"股子皮"，但特别坚硬，很难利用；

③颈肩部：表面粗糙，皱纹多，用于下裁后帮、包跟、靴筒等比较次要的部件；

④边腹部：纤维编织很疏松、薄、软，延伸性大，丰满性及弹性差。用于下裁鞋舌、后鞋垫等次要部件；

⑤腋部：属于次要部位，薄、松、软，质量差，用于下裁护耳皮、鞋舌；

⑥四肢部：属于次要部位，下裁鞋舌、后鞋垫；

⑦头尾部：只有大牲畜才有，属于次要部位，用于下裁保险皮等次要部件。

(2) 天然皮革的性能划分

天然皮革各部位的纤维粗细、编织紧密程度，以及主纤维的走向不同，各部位的抗张强度、耐磨性、延伸性、耐曲折性有所不同。而部件所要求的性能也会有所不同，一般主要部件要求的性能比较高，而次要部件要求的皮革性能比较低。根据各部位的力学性能进行划分，如图1-2所示。

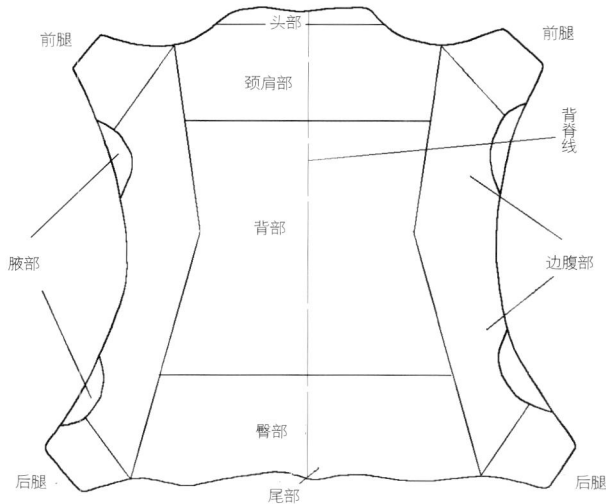

图1-1　天然皮革的部位划分

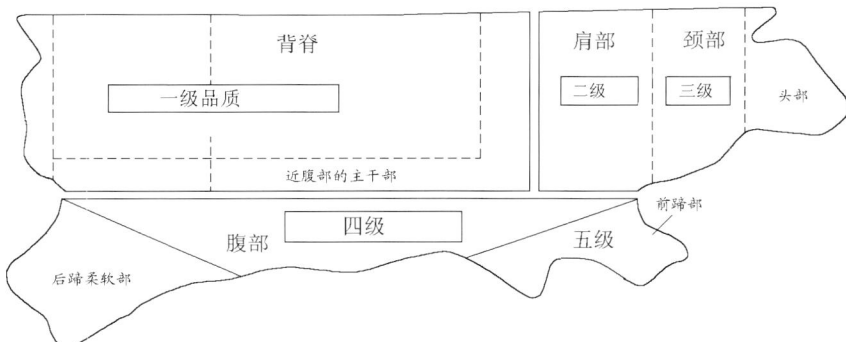

图1-2　天然皮革的性能等级

①背臀部：纤维最粗，编织最紧密，抗张强度最大，延伸性最小，在品质、纤维组织弹性及表皮完整性方面是最理想的材料，是第一级的品质材料，适合前帮；

②肩部：品质属第二级，从穿着舒适度而言，此部位是最适合的。其缺点是成长过程中产生的皱纹容易在此部位发现，适合中后帮；

③颈部：皮料的品质为第三级，颈部的皮坚韧，部分皱纹很深，几乎无法使用。适合鞋舌、鞋垫等次要部件；

④腹部：腰部皮料的品质是第四级，腹部的皮虽无伤痕，但皮革不太坚实。适合鞋舌、鞋垫等次要部件；

⑤腿部：皮料为第五级。

天然皮革划裁时在遵循上述原则的前提下，还要看皮下料。在皮革质量等级高的皮革裁用上，有时次要部位也可划裁主要部件，而有些质量等级很低的皮革，主要部位也要划裁次要部件。

(3) 天然皮革各部位的延伸方向

天然皮革的延伸性与其纤维走向垂直，而其主体纤维走向与背脊线平行，如图1-3所示，所以沿着背脊线方向其延伸性最小，与背脊线垂直的方向其延伸性最大。皮张延伸性，分为纵向(与背脊线平行)、横向(与背脊线垂直)、斜向(与背脊线成一定角度)三部分，如图1-4所示。

下裁天然皮革时要考虑纤维走向，即部件放置的方向问题。

(4) 皮革的抗拉方向和鞋帮部件摆放方向的问题

下裁天然皮革时，除了要考虑部位差，还要考虑纤维走向(即延伸性)。

抗拉方向：与皮革的纤维走向一致，即皮革不容易拉动的方向，称为抗拉方向。

在制鞋过程中，尤其夹包和成鞋的穿用过程中，帮面的受力方向与楦头方向要一致，目的是防止鞋包过长和鞋越穿越大，下裁时楦头方向的帮部件应与抗拉方向一致，即与皮革的延伸方向垂直，如图1-5所示。

另外由于厂家、款式、部件、材料等诸多因素的影响，也造成了皮革划裁方向不会完全按照上述原则来进行这一事实。下面就以各种实例来说明部件划裁方向的问题：

①三节头皮鞋部位取法

对于三节头内耳式鞋所有部件(包括里部件)纵向抗拉，即部件摆放时，按照楦头纵向方向的部件与皮革的纤维走向来进行，即抗拉方向一致，如图1-6所示。

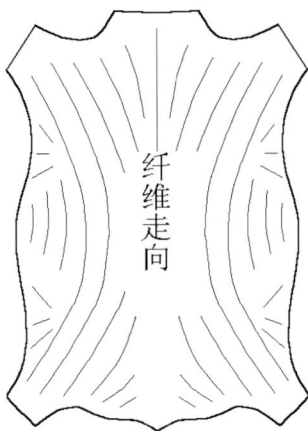

图1-3 天然皮革的纤维走向

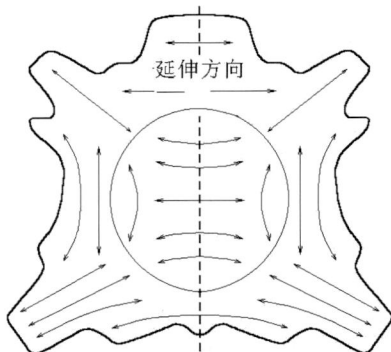

图1-4 天然皮革的延伸性

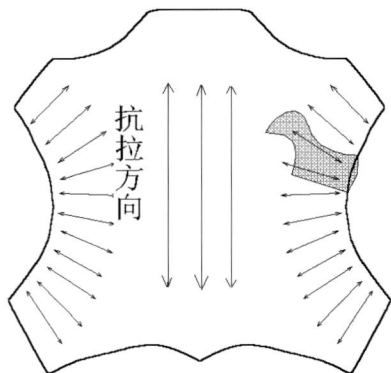

图1-5 天然皮革的抗拉方向与部件摆放示意

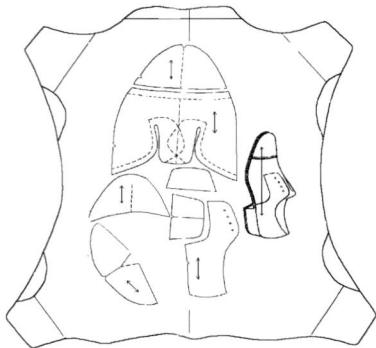

图1-6 三节头内耳式鞋抗拉示意

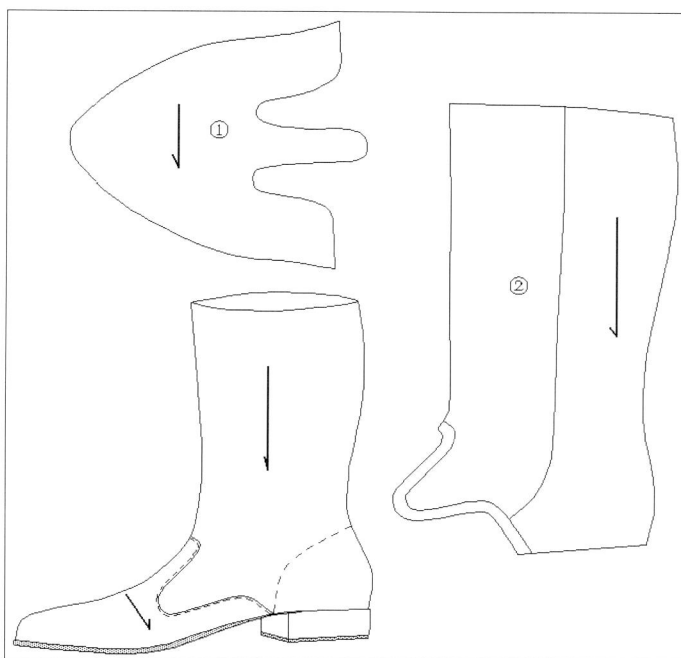

图1-7 统帮靴部件抗拉示意

②长统靴部位取法

长统靴的部位取法与其款式结构紧密相关，大体上可分为两类，包括统帮靴和分节式靴，两者最大的区别在于前帮的取法不同。统帮靴的前帮考虑到跗面部位容易伏楦、帮脚不宜过大的原则，要横向抗拉；而其他结构的靴部件摆放与单鞋一致，即靴筒一般沿靴筒纵向抗拉，便于穿脱。但也要视样板结构与工艺而定，如图1-7所示。

③男套帮鞋延伸方向及部位取法，如图1-8所示。

a. 直向裁剪：为使鞋样成型时不变形，鞋盖片与鞋面体在裁剪时取直向；

b. 横向裁剪：为使鞋样更能包楦定型；

c. 后护片在裁剪时，取横向；

d. 鞋口线之滚口条，在裁剪时取横向；

e. 在裁剪饰带时，以横向为宜，以减少楦背面部位的平整性扩张。

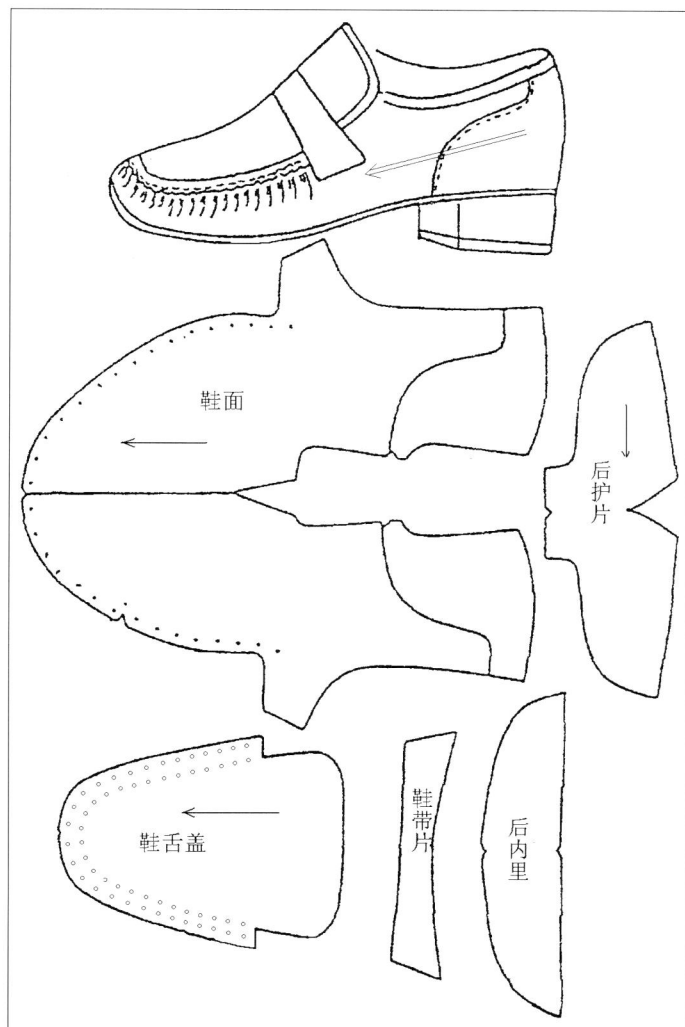

鞋面

后护片

鞋舌盖

鞋带片

后内里

图1-8 套包鞋部件抗拉示意

④马克森女鞋延伸方向及部位取法，如图1-9所示。

a.鞋舌盖必须使用臀部、背部的第一级皮料；

b.缝马克部位必须破裂强度良好；

c.褶皱鞋要考虑褶皱的起皱方向，依容易起皱为原则，但里皮仍要遵循纵向抗拉原则。

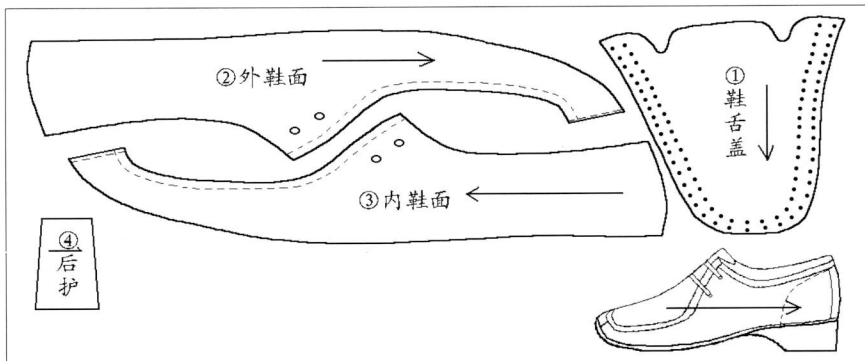

②外鞋面
①鞋舌盖
④后护
③内鞋面

图1-9　马克森鞋部件抗拉示意

⑤女时装鞋延伸方向及部位取法，如图1-10所示。

女时装鞋尤其要考虑鞋的定型效果，而此效果与部件的延伸性有着密切的关系，故此所有部件一定纵向抗拉，否则成鞋的鞋口部位很难定型。

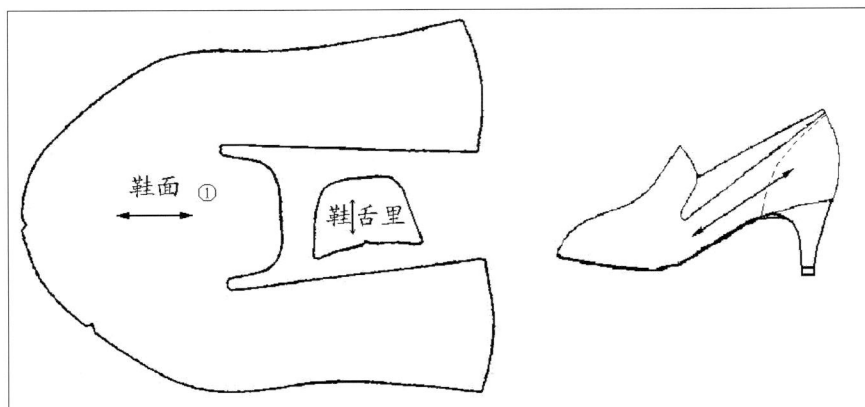

鞋面 ①
鞋舌里

图1-10　统帮舌式女时装鞋部位抗拉示意

⑥U字式凉鞋部位取法，如图1-11所示。

条带式凉鞋的抗拉方向因部件结构不同，因此与单鞋有很大的区别，为了防止条带长度方向因部件纵向绷帮力的作用而伸长过大，引起鞋面变形，所以条带凉鞋的所有条带(包括里皮条带)均为横向抗拉。

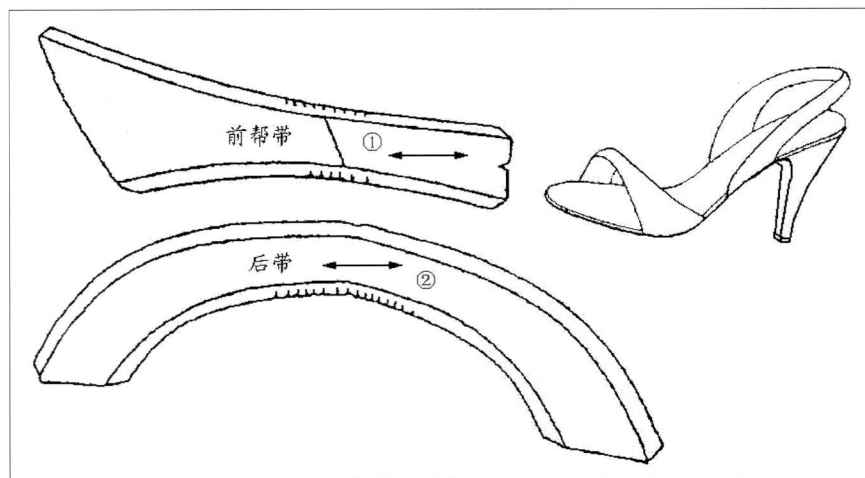

前帮带 ①
后带 ②

图1-11　条带女凉鞋部位抗拉示意

高等职业教育艺术设计类专业实践教材

1.2　裁断的步骤和方法

材料的性质决定其裁断方式，天然皮革首先一定要进行套化——即划料，然后采用剪刀划裁和裁断机刀模冲裁；而代用材料不需划料，直接使用机器冲裁，且一般采用机器叠裁的方式。

1.2.1　提高出裁率的原则

无论是天然皮革（50%～70%）还是合成材料，都需要合理排料（虽然其操作方法有所不同），即需要在不影响产品质量的前提下，尽量降低成本。在排料紧凑的大原则下还需注意以下原则：

（1）先主后次

①先主要部件后次要部件。

②先主要部位后次要部位。排料的时候先主要部件在主要部位下裁，后次要部件在次要部位下裁，或穿插在主要部件之间进行。

（2）先大后小

先大尺码、大面积的部件，后小尺码、小面积的部件，以方便排料。可以综合考虑部件的位置和方向问题。

（3）好坏搭配

好坏皮革搭配使用，天然皮革每张之间都存在着差异，因此好皮下裁主要的、大的部件，次皮多下裁次要的部件。但是由于皮革存在等级问题，即使好皮的次要部位也可下裁主要的部件，在次皮的主要部位也可下裁次要部件，要看皮下料。

（4）合理利用伤残皮

在不影响产品质量的前提下，合理利用伤残皮。天然皮革存在着先天和后天的缺陷，可将其分为可利用伤残和不可利用伤残。可利用的伤残可以利用修饰法和遮盖法进行掩饰，可以再利用，比如虻点、鞭花，轻微的松面和裂面等；不可利用的伤残就要在排料的时候避开，比如虻眼、刀伤、深度松面和裂面等。

面部件正确利用伤残皮的方法有两种：

①修饰法：这些伤残可以利用喷光和抛光的后处理方法减轻或完全掩盖；应用在不明显外露的部位，如鞋舌、腰窝内踝、后跟等部位，如图1-12所示；

②遮盖法：把有可利用伤残的皮部位应用在可以遮盖起来的部件和部位，比如商标、沿口处、折边、内搭、帮脚等位置，如图1-13所示。

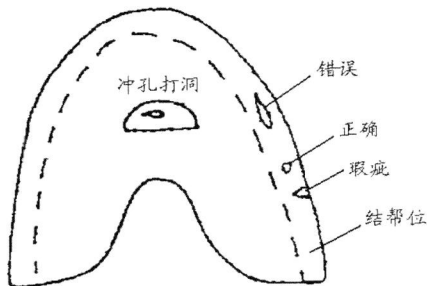

图1-12　修饰法

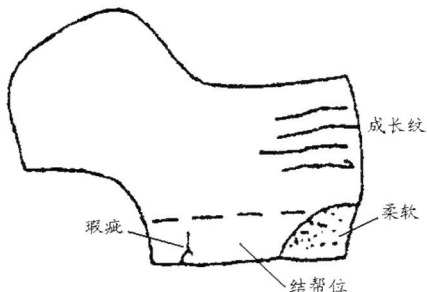

图1-13　遮盖法

高等职业教育艺术设计类专业实践教材

（5）合理套划

鞋部件形状多样且不规则，因此还要考虑皮革的纤维走向和部件摆放的位置及方向。基于皮革的优劣、伤残等诸多问题，所以一定要合理套划，以提高材料的利用率，即出裁率，从而降低产品成本。

在裁断的生产实践中有很多套划方法：

①天然皮革的划裁

平行互套法（直向和斜向）、人字形互套法、等差间续互套法、填充套划法和摆动套划法，如图1-14～图1-17所示。

采用什么样的划裁方法，视部件的形状和皮料情况而定，要综合考虑、灵活运用，没有固定的套划方法。总之，无论怎样划裁，均以提高材料的利用率为原则。

图1-14　平行互套法（直向）

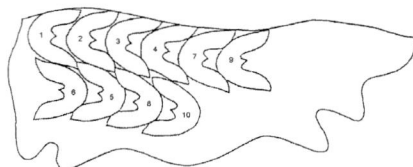

图1-15　平行互套法（斜向）

图1-16　人字形互套法

图1-17　等差间续互套法

天然皮革排料实例：

实例1，如图1-18所示。

a.排料符合长方形作业，且易配色；

b.插料以后帮及鞋身饰片为佳，以省料为原则；

c.先排鞋头，再排后帮，最后排边饰；

d.宜采用配双作业裁剪法。

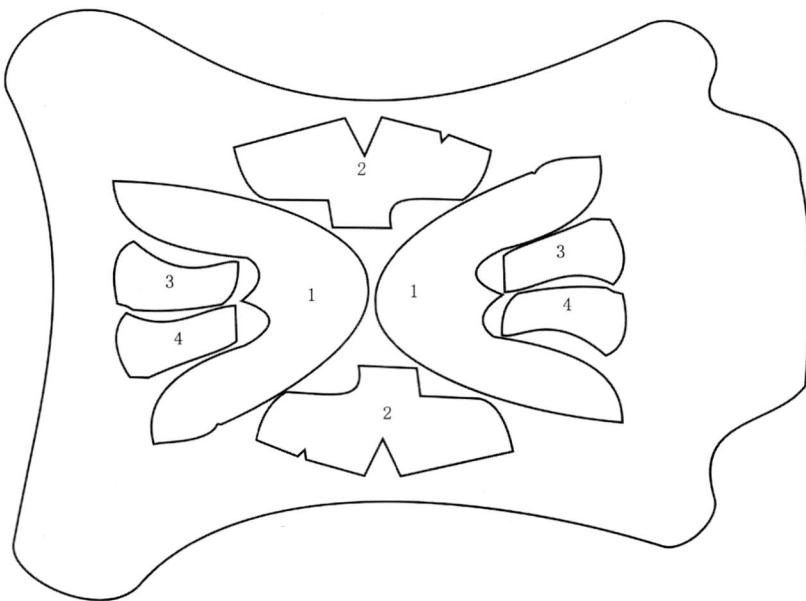

图1-18　配双排料

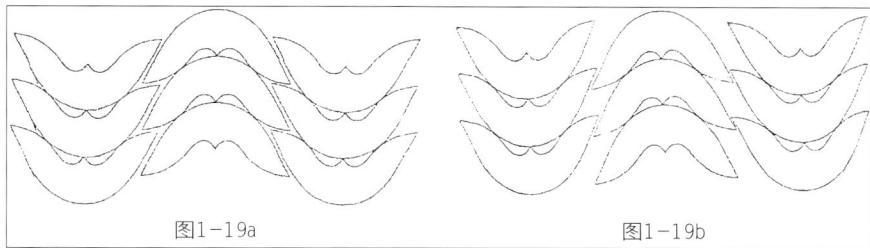

图1-19a　　　　　　　　　　图1-19b

图1-19　综合考虑排料

实例2，如图1-19所示。

在采用同样的排料方法时，也要综合考虑排料的整体效果，以达到材料利用率最高的目的。比较图1-19a和图1-19b，看哪种方法最省料，如图1-20所示。

由图1-19a和图1-19b比较后得出，反而图1-19b所示更省料。

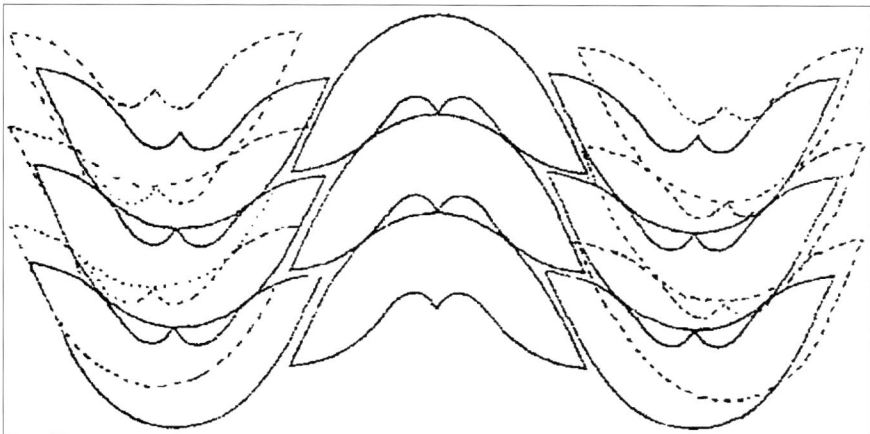

图1-20

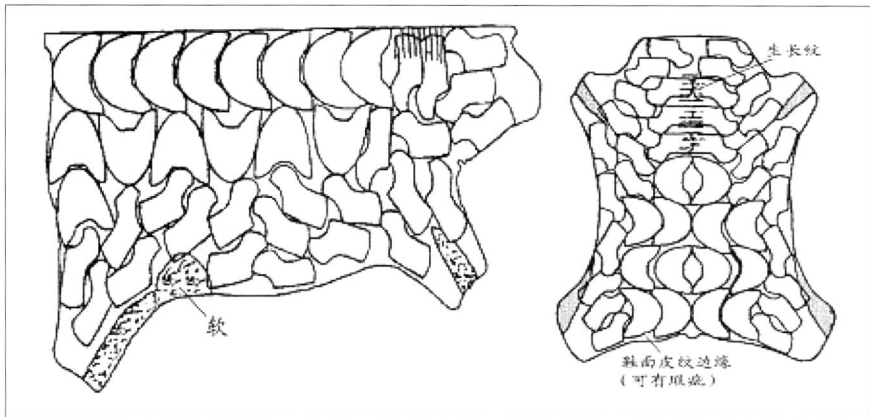

图1-21　瑕疵部位排版方法

实例3，如图1-21所示。

瑕疵部位排版方法：

a.瑕疵必须用在不影响品质、不妨碍加工或外观不明显的部位；

b.有大的瑕疵必须废弃。

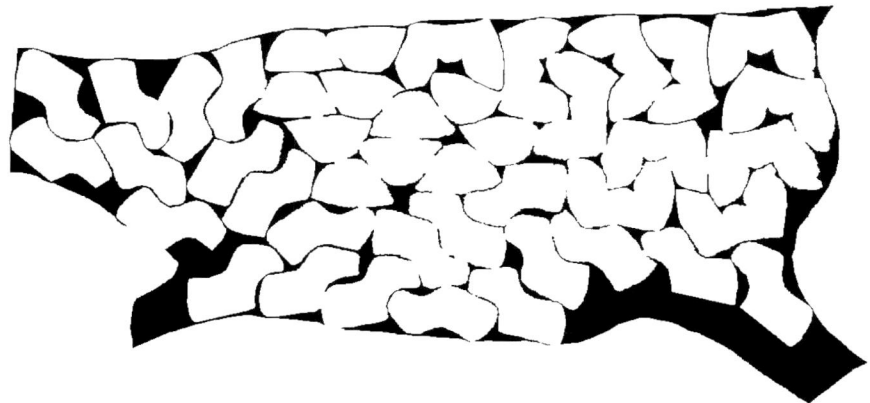

图1-22　三节头鞋帮面排版

实例4，如图1-22所示。

三节头鞋排版方法：

包头——取横向。

中帮——取纵向。

后帮——取纵向。

鞋舌——取纵向。

保险皮——取纵向。

②人造革

人造革实际上是塑料制品，常见人造革分为以下两类。

a.聚氨酯人造革(PU)：以纺织品为底基，表面涂覆PU。

b.聚氨乙烯泡沫人造革(PVC)：以纺织品为底基，中间泡沫塑料层，表面涂覆PVC。

裁剪人造皮料要考虑其延伸方向，而延伸问题取决于底层的基布，基布分为织布、无纺布、针织布三种。

人造革排版作业时要遵循以下原则，如图1-23所示：

a.裁剪人造皮料必须考虑其纹路、颜色。

b.以卷起方式保存人造皮一般不会有延伸性。

c.排刀以纵向为主。

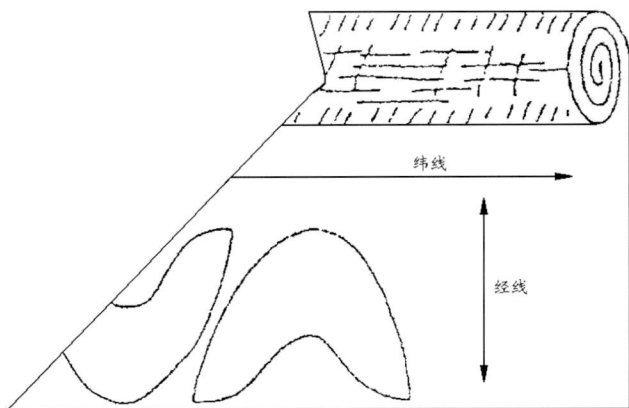

图1-23 人造革排料

③合成革划裁

合成皮革是在人造革的基础上发展起来的，但合成皮革不同于人造革，它是一种由高分子物质浸渍的合成纤维层，有着近似天然皮革的纤维结构，所以它具有一般天然皮革的透气、吸水等特征，各方面的性能都优于人造革。成品质量均匀、规格一致，适宜于大规模机械化、自动化生产，有利于提高的制鞋业劳动生产率，只需考虑抗拉方向和省料的原则即可，如图1-24。

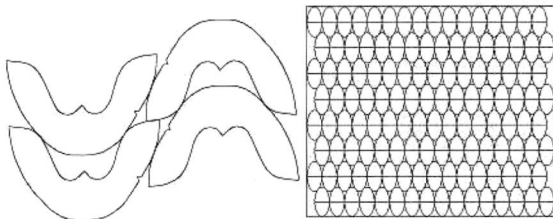

图1-24 合成革排料

④纺织品

在皮鞋帮料中，纺织类材料也占有一定比例。常用做鞋帮里料；也可以与天然皮革结合做鞋帮面用；另外鞋帮的补强、加固件也可用纺织类材料。

纺织类材料中，可分为天然纤维织物、化学纤维织物(合成纤维织物)、无纺织物等。

a.天然纤维织物中，常用的有帆布、卡其布、平纹布、亚麻布、羽纱、美丽绸、长毛绒、驼绒等。

b.化纤织物常用的有尼龙绸、人造毛毯等。

c.无纺织物有仿里革、各类毡等。

从纺织品的纤维组织来看，可分为以下三类，如图1-25所示：

a.经线系统(纵向)：延伸性分向两侧，朝鞋头部位是无法延伸的；

b.纬线系统(横向)：该方向有较大的延伸性；

c.斜线系统(斜向)：该方向是在加工作业时给予鞋面、内里最大的延伸性。

经线系统　　纬线系统　　斜线系统

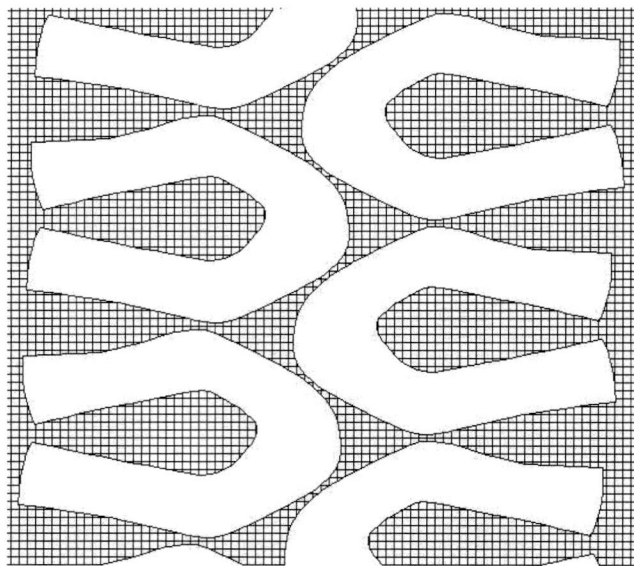

图1-25 纺织材料

1.2.2 裁断工具

企业中普遍采用的裁断方法分为手工裁断和机器裁断，机器裁断适合大批量生产，手工裁断适合小批量生产。裁断所用工具和设备，如表1-1所示。

①手工裁断工具：水银笔、剪刀、垫板；

②机器裁断工具：刀模、裁断机（平面裁断机、摇臂式裁断机、龙门式裁断机）。

表1-1　裁断工具

工具名称	用　途
笔	划裁帮部件用
剪刀	剪开未切断部分用
榔头	敲取刀模用
刀模	用于机器裁断
砧(zhēn)板	裁断用的垫板

1.2.3 裁断方法

(1)手工裁剪

熟悉以下程序：样板结构－领料—配料—标记伤残—套划—编号—裁断—分号验收。

选料精细，排料合理，用料节省，但其加工速度慢、效率低。适合小批量生产和造型繁杂的产品裁剪。当使用高档材料时，帮件质量要求高，如工时不太紧张时，可采用手工裁剪。

有直接使用划裁刀一次手工裁剪和先画后剪两种技法。

①划裁刀裁剪

划裁刀是用刀片钢制成的，用大拇指、食指和中指捏刀，靠在压于面革之上的样板边上，刀与样板边贴紧，刀杆与样板面垂直。沿样板边缘用刀下压划行一周，即裁一形状相同的帮件。

②画与裁

将样板放在材料上，在其周边用粉包或笔画出部件形状的轮廓线，如图1-26所示。然后用剪刀或革刀按线迹剪裁。也可将革全部画满帮件轮廓线后，再统一裁剪。全部画完再裁剪的方法有利于样板套裁；有利于全面策划，灵活地进行躲伤或巧妙地利用伤残皮革；也便于对套画中的不当之处予以修改纠正。这种方法可由高级工人(指技术娴熟者)画，由新工人剪裁，这样既能提高裁剪质量，又能提高效率。

注意事项：裁剪时注意将水银线痕迹全部处理干净。

图1-26

(2)机器裁断

检查刀模—调试裁断机—裁刀冲程的调节—裁断—分号验收。

①刀模

刀模是用带钢冷弯或锻轧的方法制成的。它的刀刃是淬火后，按样板校正磨的刃。此种刀模坚固耐用，但制作较费工时，需有一定设备，工艺难度大。它适用于大批量的产品或帮部件使用。

为了减少帮件加工工时，提高效率，对帮件上的花眼、花牙等结构，采用在裁断刀模上组装所需花形钢刀的方法，使裁断的同时完成帮件的部分加工，这种刀模叫组合刀模。为了便于套裁，提高工效，也可将大小形状不同的几个刀模结合在一起，一次裁出几个零部件。

注意事项：

a.左右脚相同部件在相同(猪皮)和相邻部位(牛皮)裁剪，做到左右脚对称一致；

b.合成材料一般采用叠裁，为防止层与层之间发生滑动，需正面与正面相对放置。比如裁断8层时，下面四层朝上，上面四层朝下。层数的多少要因材料的厚度而定。

②裁断机

a.双臂式液压裁断机，如图1-27所示。

当冲压板调节正确后，把材料正面向上平铺在垫板上，把刀模刃口向下，放在要裁的部位上，两手移开，把压板拉到刀模上方，必须盖住全部刀模。

按钮：有些机器要用手同时按两个按钮，有些机器只有一个按钮，但另一只手切勿伸入压板下方。

压板迅速下落，冲击刀模将料裁断，压板自动升起。推开压板将裁断的料从刀模中取出，完成首件裁断。然后依次按照上述方法进行。

b.摇臂式油压裁断机，如图1-28所示。

按下马达启动按钮，并确定马达正向旋转。当裁断按钮被按下时，驱动打击板，摇臂下降，打击板与刀模接触后，截断位于裁断垫板上面的鞋材。裁断行程调节可由行程调节钮设定裁断行程的长度，刀模与打击板的距离可由调整手轮调整至适当距离。

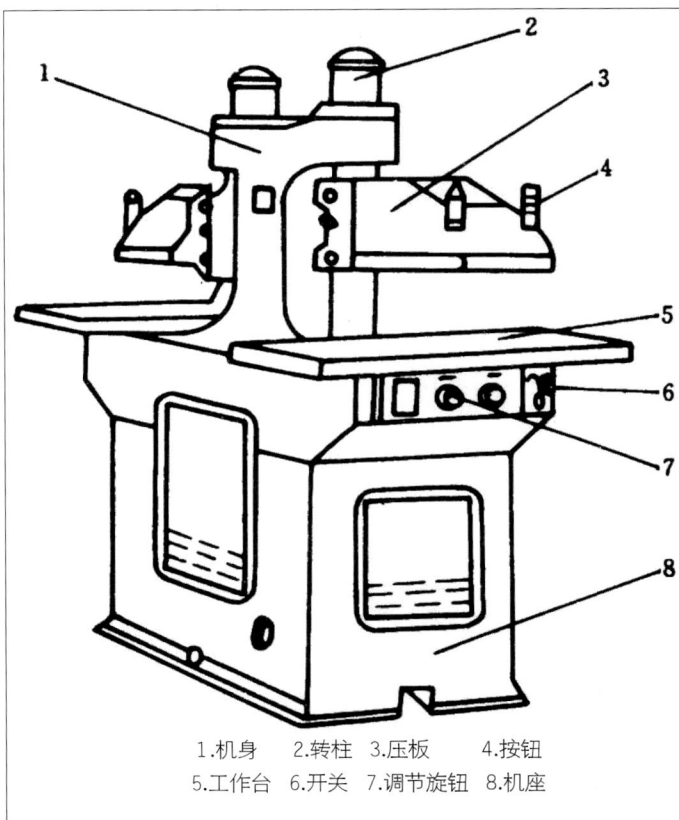

1.机身　2.转柱　3.压板　4.按钮
5.工作台　6.开关　7.调节旋钮　8.机座

图1-27　双臂式液压裁断机

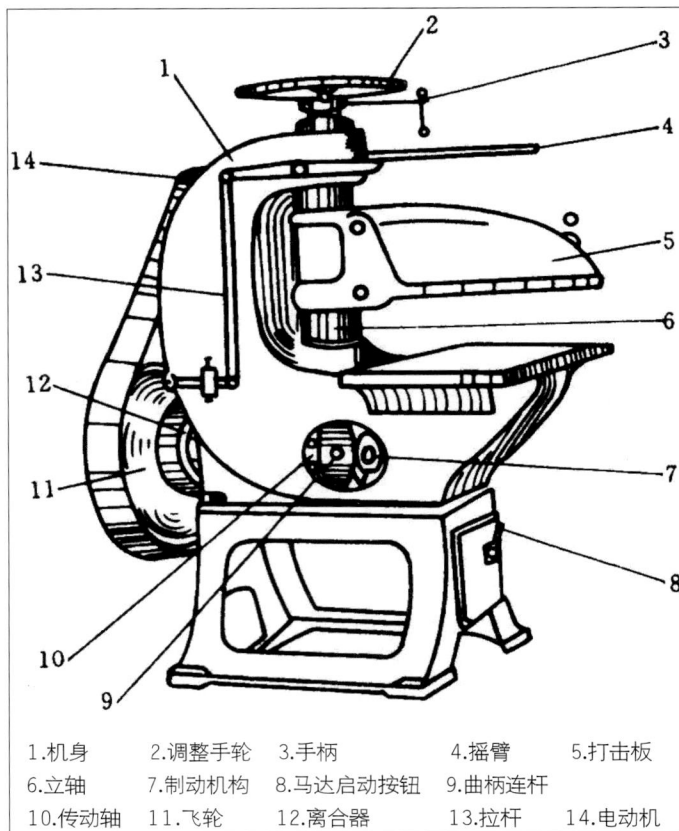

1.机身	2.调整手轮	3.手柄	4.摇臂	5.打击板
6.立轴	7.制动机构	8.马达启动按钮	9.曲柄连杆	
10.传动轴	11.飞轮	12.离合器	13.拉杆	14.电动机

图1-28　摇臂式油压裁断机

高等职业教育艺术设计类专业实践教材

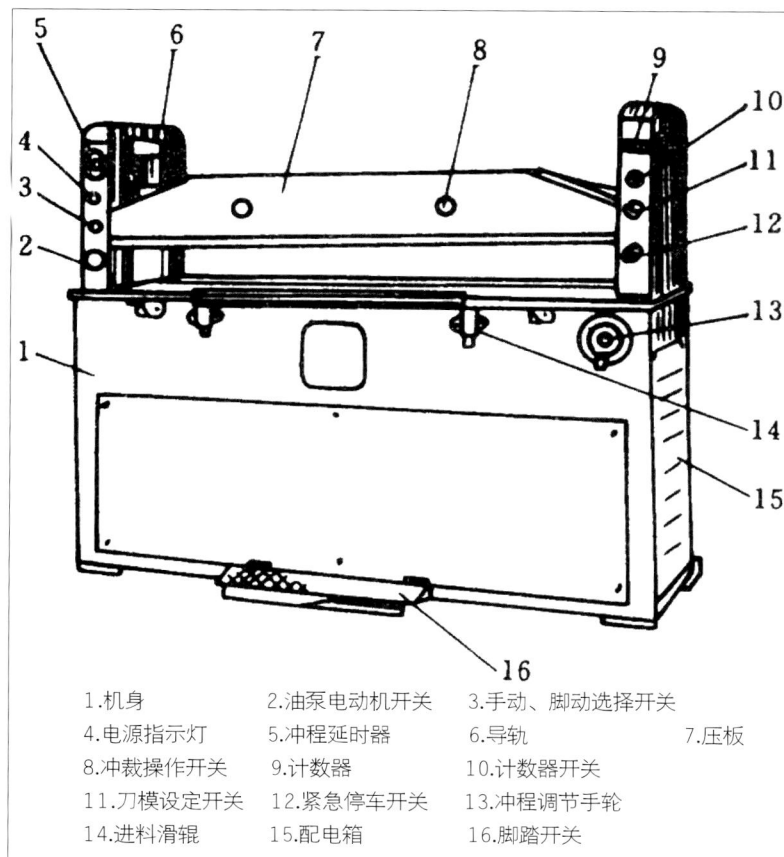

1.机身　　　　　　2.油泵电动机开关　　3.手动、脚动选择开关
4.电源指示灯　　　5.冲程延时器　　　　6.导轨　　　　　　　7.压板
8.冲裁操作开关　　9.计数器　　　　　　10.计数器开关
11.刀模设定开关　 12.紧急停车开关　　 13.冲程调节手轮
14.进料滑辊　　　 15.配电箱　　　　　 16.脚踏开关

图1-29　高速平面裁断机

c.高速平面裁断机，如图1-29所示。

开机运转正常后，用手拉出托板和塑料垫板，将选料套划好的面革平铺于垫板上，按照皮面上所划好的部件、尺码，以先主要部件后次要部件为原则选择刀模，对照水银笔印将刀模放置于面革上，要求部件、尺码、位置必须与革面上的水银笔印吻合，然后用手握住托板侧面的拉杆，将塑料垫板以及上面的皮革和刀模一起推进上压板的下方；待拖板停稳后，双手离开拖板抬起，按动上压板两个按钮，此时上压板下降，冲压刀模后上压板自动抬起，完成一次的裁断动作，用手拉出托板，取出刀模，并取出部件。

1.2.4　消耗定额的制定

在企业的生产过程中，一般首先要制定材料的消耗定额，便于确定购买材料的数量或面积，防止造成仓库内原材料的堆积。

(1)制定消耗定额的方法

①实验法

用一双鞋的中间码下料样板，在一张比较有代表性的皮革上面进行最合理的套划，最好套划成一双。如不能套划成双，可以把剩余的皮料集中起来，并计算面积。

D=原材料的总面积S－剩余面积S_s/套划双数(N)。我们可以根据以上公式计算订单要求的双数来采购原料。

②计算法

现在我们通常在电脑上计算，即把一只鞋的所有面部样板扫描或通过其他方法输入电脑，通过相关软件计算出每个样板的面积，再相加，计算出一双鞋单位产品的净用量 JD 然后按照公式 $D=JD\times(1+\beta)$（β 为损耗率）或 $D=JD/\alpha$（α 为利用率）。

(2) 消耗定额的影响因素

部件的大小及形状；天然皮革的等级与品质；产品的品种和档次；尺码大小。

①皮革质量越好，消耗率越低。

②鞋帮款式对皮革的损耗率，如表1-2所示。

表1-2　鞋帮款式与皮鞋损耗率之间的关系

帮面款式	高帮鞋靴（大块）	高帮棉鞋（中块）	满帮鞋（小块）	凉　鞋（冲条）
皮革损耗率(%)	22～27	18～22	6～10	3～5

③原材料的利用率如表1-3所示。

表1-3　原材料利用率表

原材料种类	天然皮革	鞋里革	合成革、无纺布、布里
材料利用率(%)	80～97	90	90～100

注意：合成材料制定消耗定额有所不同，基本计算出部件所在平行四边形的面积，然后加起来即可。

(3) 其他材料的划裁

①合成革、布里裁断

这些材料质量均一，均有一定的幅宽，无需选料即可直接冲裁。采用叠裁的方式：将材料叠层，向一侧的自然织边靠齐。如有褶皱，需理平，厚度不要超过平面裁断机的工作范围，长度一般根据工作台的长度和划料的样板长度选定。

②毛皮里革的裁断

划裁之前，圈点伤残处，皮板向上，用样板按照毛绒向下的方向划裁。裁断工具有剪刀和割皮刀。使用剪刀时，只允许用前端，刀头略向上翘起，将皮板剪断，不允许剪断大量绒毛；使用割皮刀时，按所划线迹居中割开，毛绒不容易断。

毛皮里革的边角料在不影响质量的情况下，允许拼接使用，注意毛绒方向一致，毛绒的长短、色泽、皮板的厚薄等要与整件皮里一致，拼接毛皮使用平缝机，要求缝接处无梗条、沟坎。

③毛毡里料的裁断

直接用机器叠裁，层数最多为4层。如果过多时会翘起，从而造成部件的大小不一。

④驼绒与人造毛皮

事先绷伸、抻平，上糨糊固定后，再按套划位置裁断。

第二单元
鞋帮

高等职业教育艺术设计类专业实践教材

2 帮部件的加工整形

本章主要介绍做帮技术，重点讲解片边与折边方法。学生着重学习片边及折边技能，学习过程应与实际操作相结合，反复练习，从而熟练掌握本章的学习重点。

鞋帮部件的加工是帮部件组合的基础，包括片料、折边、粘贴衬布等工序。

2.1 片料

片料：通过手工或机器片刨来调整片削帮料，按片料的不同目的不同可将其分为两类：片边分手工片边和机器片边；还可分为通片和片边。

通片：调整帮部件的整体厚度，从而达到皮鞋工艺标准要求。

片边：片削部件边缘，满足部件边缘折边、搭接和清洁规整的加工要求。

片料的目的：

①调整帮部件的厚度；

②使镶接处整齐美观。经批皮、折边后的线条光滑流畅，否则将会出现帮面不平现象，影响美观；

③穿用舒适及进行后续工作。否则厚度太大，易硌脚、影响折边和车包。

2.1.1 片边的种类

不同的部位，不同的工艺，片边的要求有所不同。

（1）片折边

概念：将片边后的部件边缘折回一部分，并粘牢敲平，称为折边，对折边部位边缘进行片削的操作称为片折边。

①批皮的宽度依据折边量而定。一般片宽=2倍折边量，一般折边量为4～5mm，所以片宽一般为8～9mm。即"片8折4"或"片9折5"；片厚指片宽1/2处的厚度，即片厚=1/2皮厚，实际上片削时，以露出纤维、易折回为原则。

②品种、部件或部位不同，片宽也随之变化。例如，计算男鞋的后帮鞋口边缘片宽(包括舌式鞋的鞋舌边缘)时，为了保证其强度以及表现男性的沉稳和刚毅，要求鞋口折边后的边缘应饱满、圆润，所以其折边宽度可选定为6mm，片边宽度定为10～11mm。

③不同品种、不同部件、不同部位的片边厚度，要根据设计要求或生产工艺规程，结合皮革厚度，并通过确定其片边的宽度来实现。例如：三节头式男鞋，后帮上口要厚一些，包头则要薄于后帮上口；中帮压接后帮的口门边缘要薄于包头折边等。

(2)片压茬(片搭接边)

两个部件要缝合在一起有很多工艺流程，最常见的就是压茬，即内搭工艺。

内搭工艺分上压件和下压件，上压件可采用折边和一刀光工艺，两部件要缝合在一起，下压件一定要放出内搭量进行片边，为了绷帮时平整无楞、穿用时不硌脚、不磨脚，同时保持强度要求，要片内面，一般内搭量7～8mm，片削量=内搭量+1，即8～9mm，片厚要比片折边厚。

注意事项：

①绒面革下压件的片边宽度应小于搭接宽度2mm，过大时容易露白；

②为了进行部件搭接组装时黏合方便，有时必须在下压件的正面(粒面)边缘片除(或磨掉)涂饰层，以利于上、下层部件的黏合与搭接。目前，由于鞋面革通常采用软面革，比较薄，因此不宜片削正面，一般用双面胶来代替。

(3)片切割边(清边)

除了内搭工艺外，还有其他工艺，如包边、合缝、一刀光、压缝等，对采用这些工艺的部件边缘大部分也要进行片削，主要是为了美观和易车包。

①合缝与暗缝清边

为了合缝或暗缝时平整无楞，边缘厚度均匀，缝线整齐顺畅，需要片清边。合缝时合缝量一般为1.5mm，片削宽度为3～5mm，边口留厚0.7～1.0mm；敲平以后，一般都要加衬料补强。

②一刀光

不加任何放余量，批皮是为了调整厚度，使毛茬不外露，帮面平整，不硌脚。

a.上压件清边，片削内面，片宽4～5mm，边口留厚0.8～1.2mm，薄软型的女鞋部件，边口厚度可降至0.5～0.9mm；反绒面革只需要片接触面，片宽4～5mm，边口厚度0.8～1.2mm。

b.整洁性清边。如有些部件既不搭接又不折边，只是防止绒毛外露，为了保持部件边缘整洁，需要片清边，如内耳失鞋鞋舌除了前端需要片搭接边外，其余三边需要片去网状层，达到清理绒毛和整洁性的目的，片宽8～9mm，边口留厚0.5～0.8mm，劳保鞋后帮上口清边厚度可达1.2～2.2mm。

③滚口及装饰清边

鞋后帮上口若不进行折边，而是进行滚口等装饰性操作，则需要清边，厚度依品种和工艺要求而定。

女士浅口鞋，后帮上口细滚时，清边后的边口留厚可薄至0.6～0.9mm；男式鞋滚宽口时清边后的边口留厚可达1～1.2mm；一般宽度3～4mm即可。

(4)片料实例

见图2-0a所示真皮材料片料与图2-0b所示合成革材料片料。

图2-0a

图2-0b

高等职业教育艺术设计类专业实践教材

2.1.2 片料机器

(1)带刀片皮机

鞋面革较厚时，需要用带刀片皮(图2-1)机器片薄、片均匀加工，以达到规定的厚度。此法生产女鞋时最常用，因女鞋帮面部件过厚，在组合时显得粗笨且不美观；但料不能片太薄，否则影响强度。

用途：

①剖割分层：可分多层。粒面层做高档鞋面革，第二层可采用高频模速方法制成移膜革；

②局部片削：比如前帮部件局部片削后再印制热塑性内包头；

③高效片削：与鞋帮模具配合，平皮和片边同时进行；

④艺术片削：与艺术花纹模具配合，在绒面革上削出装饰性花纹、细沟槽线条等。

工作原理：

开动机器，传动轮带动带刀高速旋转，上下夹刀板控制带刀，避免上下抖动，将面革置于工作台上，两侧边缘同时均匀地送进，上下送料辊将面革送进，带刀的刃口将面料剖开，片下的废料由下面的传送带送进机器底部的废料出口，片削后的面料由上部送出。

图2-1 带刀片皮机

(2)圆刀削皮机

①普通圆刀片皮机，如图2-2所示。用于鞋帮部件的片边与片坡；小型部件的匀皮与片薄，如包跟皮、沿口皮、穿条编花皮、保险皮等。

②重型圆刀片皮机，用于片削主跟、包头、女鞋皮底、中底等厚、硬部件。

③工作原理：

主要工作工具：圆刀、送料砂轮、压脚、标尺和磨刀砂轮。

压脚：调整形状与角度，可以改变片削面的形状，即厚度。

标尺：调整片削宽度。

开动机器，鞋帮部件被送料砂轮的旋转摩擦力带动，被推向高速旋转的圆刀刃口片削，废料从刀刃下的废料口排出，片削好的部件从刀刃上面的压脚空隙通过并送出。

④圆刀片皮机的调整：

a. 片料机构调整：圆刀刃口应靠近压脚，又不可相互接触，以免刃口磨损。也不能距离过大，距离过大时片削厚薄不容易控制，易产生废品，距离大小应根据部件种类进行调整：特别薄的材料如羊面革，压脚与刃口间隙0.2～0.4mm；普通的材料如牛面革，压脚与刃口间隙0.3～0.5mm；对于厚硬的材料如猪绒革，压脚与刃口间隙应为0.5～0.7mm。

b. 磨刀装置及其调整：磨刀砂轮旋进，砂轮离开圆刀，选出螺钉，靠近圆刀。需要磨刃时，砂轮与圆刀只保持轻微接触，发出少量火花即可，如果过紧，会使刀刃发热，也会产生震动或砂轮破碎。结束后，使砂轮脱离圆刀。

c. 送料机构及调节：其一，压脚与标尺调节，调整片削部件的厚度、片边坡面的角度及宽度。旋转压脚顶端提升调节旋钮，可调整片削厚度，旋进则压脚下降；旋出，压脚上升；标尺(挡板)调整时先旋松紧固螺钉，标尺可沿槽前后移动，达到适合宽度，再旋紧。其二，送料砂

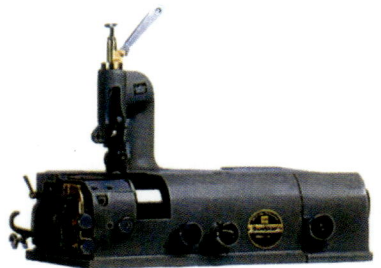

01339P3 圆刀片皮机

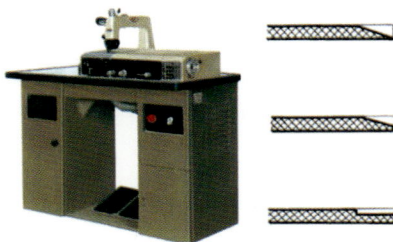

图2-2 圆刀片皮机及片边种类

轮的调整，送料速度调整。在片削形状曲率变化大的部件时减慢送料速度，可踩动踏板，用力大小可控制送料速度。调整送料辊与圆刀刃口的位置与压力，旋转调节螺钉，使送料轮和刀刃保持适当间隙，最高点不得与圆刀刃口接触。片削薄材料时，间隙为0.3～0.5mm；片削牛皮、猪皮等较厚材料时间隙为0.5～1mm。若是厚实硬挺的加工部件，间隙为1～1.5mm。

2.1.3　片边方法
(1)机器片料操作

一定先要试片，用左手拇指、食指和中指握住被片部件，使部件的一边与标尺接触，从左边平稳地送进压脚与送料砂轮之间，部件被送料砂轮推向转动的刀刃，经过刀刃的片削，从压脚的右方输出。注意事项：

①片削薄、软部件时，用手指将部件理平整，托平后送入压脚进行片削，否则片边后将出现宽窄不一或残缺破边现象。

②片削较厚硬的部件时，片边时先在下刀处片去一角，再将部件送入压脚进行片削，否则由于过厚、硬易将送料砂轮压低，使部件出现破洞或破边。

③当部件因气候或涂饰层等原因发生打滑或涩刀等情况时，不要硬拉硬推，否则会产生变形或形成曲皱，造成部件出现残缺或破洞现象。若正面革出现这种情况，可在部件片削部位的边口与含有机油的布接触，或在压脚下接触面粘上有润滑作用的胶布，片削时可适当将部件向前带动。

圆刀片皮机片边废次品产生的原因和预防方法如表2-1所示。

表2-1　片边废次品产生的原因及预防方法

废次品形式	产生原因	预防方法
片削部位出错	1.操作思想不集中 2.工艺要求未弄懂	集中思想，弄清工艺要求 先把材料正反面统一堆叠放好
厚薄不匀 片破洞	1.送料同心度不好 2.送料轮缠有皮屑 3.压脚有松动 4.标尺面有间隙 5.操作手势不正确	调换送料轮 清除送料轮皮屑 调整压脚、旋紧螺钉 修正标尺、旋紧螺钉 学会正确的操作技能
切削面上有楞头	1.刀刃不锋利 2.刀刃有毛刺	重新磨刀 消除毛刺
切削面忽宽忽窄	1.压脚有松动 2.标尺松动	拧紧螺钉 拧紧螺钉

(2)手工片料与改刀

当机器片边有拐弯、死脚或轻微的质量欠缺时，或因部件组合粘贴的需要，必须使用手工的方法休整片边或补充片削。这种修补的片削过程，统称为"改刀"。

①折边的部件边缘没有片出口、片削斜面宽度不一、厚度不一，如果不改刀，就不能使其折边整齐、厚度一致；

②若圆刀刃口不锋利，会造成部件边缘的片削面上出现高低不平的瓦楞状，如果不改刀，会使折好的边缘也成高低不平状态；

③搭节部位的粒面需要片边，以利于粘贴，需要轻微片去涂饰层，而机片难以达到要求时，则需要手工改刀；

④凡部件尖角和拐弯处（内角或外角）需要折边的，如难以达到拐弯折边要求，则需要改刀。

改刀工具：三角片刀。

片帮操作的基本要求：左手大拇指和食指将部件边缘捏紧，并用食指的第二关节顶住片石的边口。右手将片刀压紧，手腕要稳，不能忽高忽低，否则会造成边口斜坡不一、厚薄不匀，甚至出现片破帮面现象。

①正刀片：刀刃由部件左侧边缘向前推进的片削方法称为正刀片，如图2-3所示。

②反刀片：刀刃由部件右侧边缘向前推进的片削方法称为反刀片，如图2-4所示。

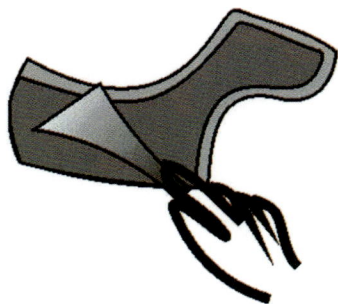

图2-3　正刀片

图2-4　反刀片

2.2　帮面定型

为了使帮面更加符合鞋楦形状，可将平面的前帮鞋面通过湿润拉伸与热风干燥、蒸汽与电热、模型贴衬等方式，整理成型为与鞋楦趾跗部位相似的曲面形状，并固定成型，这个成型加工过程称之为"帮面成型"或"鞋面整形"，也可称为帮面定型工艺。俗称"拉弯子"或"绷弯子"。

2.2.1　帮面定型的目的与要求

大凡深头帮的高腰统帮棉皮鞋，由于前帮鞋脸深及跗背与鞋楦跗面不相符，因此事先需要帮面定型。综合起来，帮面定型的优点有以下几点：

①符合鞋楦的楦面，贴楦不起皱；

②造型稳定且不变形；

③保证质量，以减少破损；

④提高合脚性和穿着舒适性。

2.2.2　帮面定型的类别

①湿热定型：利用湿热蒸汽浸润皮革，使之软化，在模具作用下将部件预制成型，主要用于前帮包头部位的定型，以及印刷热塑性内包头后的定型处理。

图2-5

②热冷定型：皮革受热容易拉伸、成型，再急速冷却将内聚的应力消除，使皮革永久曲面定型，效果较好。

③热整型：皮革受热后经模板拉伸产生变形。

④贴衬定形：在鞋面拉伸和弯曲变形的情况下，利用鞋面与衬里贴合后所形成的内、外层弧度差异，可以永久定型(加热)，如图2-5所示(贴衬定型)(低温贴衬-模压定型)。

⑤模压成型：按照皮鞋成型需要的形状制成模具，在一定的温度和压力下成型。

总之，无论哪一种定型方式，必须先加热加压，再经外力拉伸、弯曲变形。

使用设备：鞋面湿热定型机、靴面冷热定型机、鞋面翘度热整形机、鞋面按摩整形机、鞋面成型机……如图2-6所示。

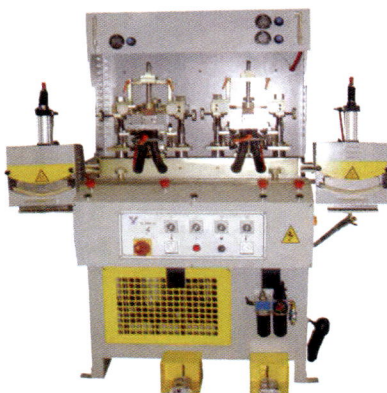

| a.马靴跗面定型机 | b.两冷两热鞋头定型机 | c.两冷两热外翻鞋后踵定型机 |

图2-6

2.3 鞋帮制作

鞋帮制作主要包括画定位点线(即画标准点、线)、粘贴衬里、折边、装饰加工、帮里粘贴、安装鞋眼、鞋帮装配(前后帮粘接)、翻滚口、反永包海绵……

2.3.1 画定位点、线

①领料，认真核对下料单，如有短缺、不配对或尚未片削好的鞋帮面料，应及时要求补齐。

②将部件平放于工作台，用做帮样板对准部件，对折边和搭接的部位严格按照标准定位。

③左手按住样板和部件，右手握住水银笔，紧靠样板边缘画出标志点和标志线。注意左手不得移位。

④为了标画准确，注意水银笔笔杆向外，笔尖向样板内侧倾斜。

⑤注意：可遮盖的点线应使用不可擦性水银笔画，而外露的点线一定要用可擦性水银笔。

2.3.2 刷胶

(1)刷胶类型

刷胶分为折边刷胶、贴衬刷胶和条带刷胶。

制帮过程常用胶粘剂：

①天然橡胶胶粘剂，又称汽油胶，是将天然橡胶溶解于汽油或稀释剂中制成，比例为5：95，初期黏合强度高，用于贴楦、折边、粘贴补强衬件、折滚口、粘贴帮里及部件之间的黏接。

②氯丁胶胶粘剂，用氯丁二烯乳液聚合而成的氯丁橡胶为主要成分，配以金属氧化物、树脂、防老剂、溶剂、交联剂和促进剂等制成。溶剂型氯丁胶可用于花结装饰部件折边，或不需要缝合而直接黏合部件、边缘折边，安装零件等。

注意：帮面材料有很多种，如猪皮、牛皮、绒面革和合成革。由于各种皮革的纤维组织紧密程度不一，质地软硬不一，革的吸胶量不同，如猪面革吸胶量小，而合成革吸胶量大，因此要根据材料性质配好胶水浓度，常用比例为1：15。

另外，夏季天气炎热，天然橡胶胶粘剂易挥发，应及时补充混合剂加以稀释。

(2)刷胶操作

基本要求：反复刷2～3遍，胶液均匀渗入帮面。操作不当或不按规定刷胶，会出现边缘粘不牢而出现回弹或虚粘。 刷胶宽度一般为12mm左右。若过宽，胶水起隔离作用，会影响包头和主跟的黏合，黏合不牢，则造成帮面起壳而缺乏足够的硬挺度，且影响皮革透气。

操作：部件排列成梯形，均匀刷胶。

注意事项：

①晾干，用手接触不黏手即可使用，切忌火烤日晒。

②部件摆放应注意先后次序，以免弄脏帮面。

③注意磨砂革、绒面革、纺织物，以及打蜡革表面的清洁，不能弄脏帮面，否则胶水清除不掉；而且打蜡革一旦污染，则会失去光泽。

④注意刷胶容器、工具、垫板及部件的清洁，及时清除胶团和胶粒。特别注意防止灰尘或油脂弄脏刷胶面，以免影响黏合强度。

⑤盛胶器具必须随用随开，用完即闭，防止污染空气和造成浪费。

2.3.3 粘贴衬布和加强带

为了成鞋的成型稳定性，改善皮面的丰满度和质感，将厚度不符合工艺技术条件的鞋帮部件，在鞋帮内面粘贴衬布；同时为了防止鞋口变形或裂口，边缘必须粘贴加强带，进行补强。

(1)衬布的类型和作用

①衬布类

a.纺织布类，有经纬方向，无随意性，弹性限度小，适于粘贴小牛皮和软面革，制作绅士鞋、时装鞋、凉鞋。

b.针织布类，又称螺纹布，无经纬线，伸缩性和弹性大，无规则、无方向，适于粘贴纳帕革，制作休闲鞋、套帮工艺鞋、运动鞋和沙滩鞋、靴，作定型布使用。

c.无纺布类，薄、硬、挺，用于时装鞋的鞋舌、耳式鞋的鞋耳内衬、条带式凉鞋和补强衬条，有各种厚度和规格，用于填补厚度、硬度和补强。

②加强带类，又称补强带、保险带。主要有织带、尼龙带以及金属丝等。织带用于鞋口边缘的补强，尼龙带用于条带部件和鞋口边缘的补强。

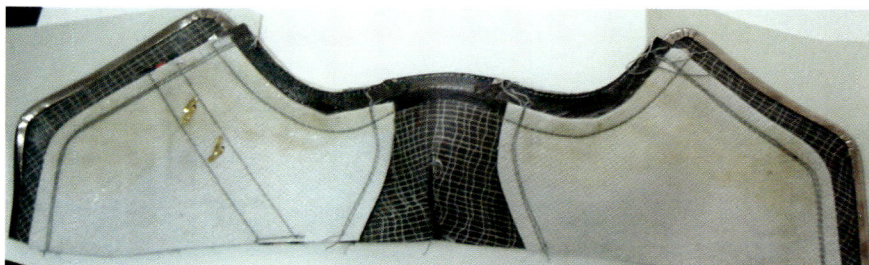

图2-7

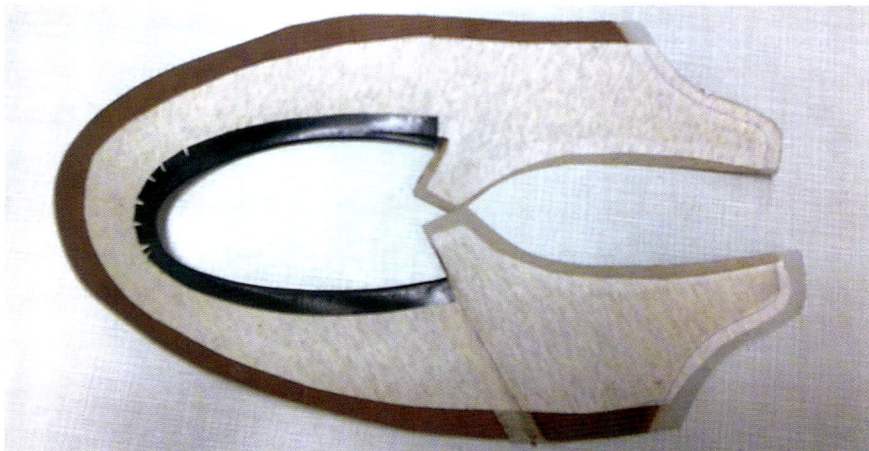

图2-8

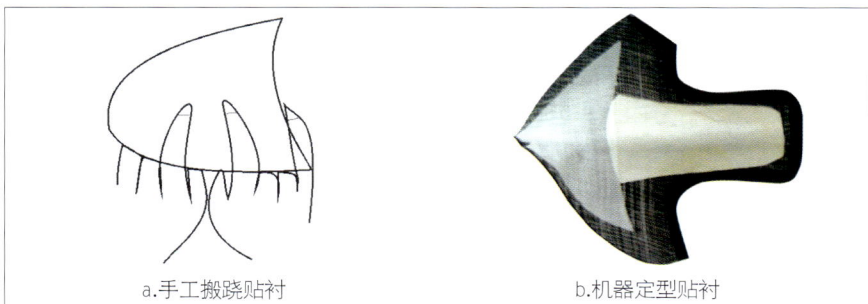

a.手工搬跷贴衬   b.机器定型贴衬

图2-9

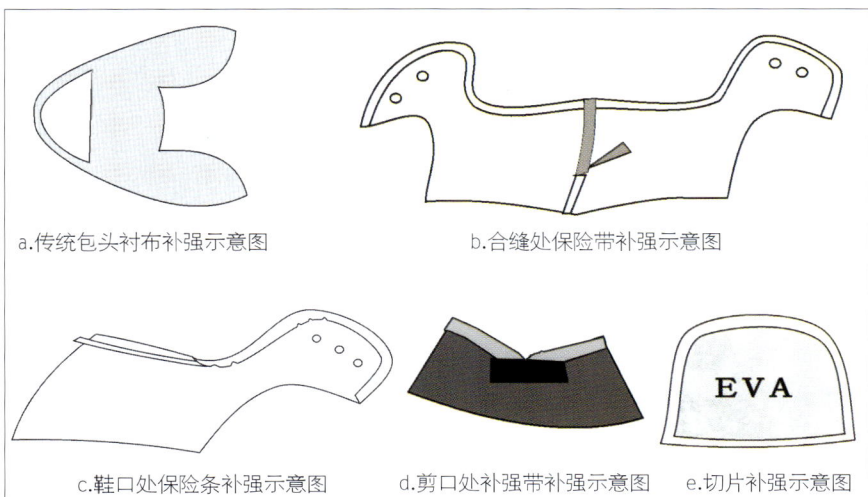

a.传统包头衬布补强示意图   b.合缝处保险带补强示意图

c.鞋口处保险条补强示意图   d.剪口处补强带补强示意图   e.切片补强示意图

图2-10 不同形状部件的补强方法

③ 鞋里内衬革多用第三或第四层的皮纤维革，主要用于填补皮革厚度不足，也可制作鞋舌、鞋耳的内衬部件。

④ 微孔泡沫片类，俗称切片，有EVA轻泡，聚乙烯微孔片材。有0.2～1.0mm等多种厚度，主要用来填补人造革的厚度。

(2)粘贴衬料的基本方法

① 刷胶贴衬，是最常用的方法，先在衬料和部件上刷胶，然后黏合，也可以将衬料与布里黏合在一起使用，如图2-7所示(刷胶贴衬)。

② 单面褶胶贴衬，是现代制鞋工业中比较先进的工艺，便于标准化生产，不会虚粘和起层，操作时只需将衬布平放于前帮内面的合适位置，然后用电熨斗在衬布上熨烫，就可将衬布中的热熔胶熔化，从而使两者黏合，如图2-8所示(单面褶胶贴衬)。

③ 单面胶褶定型贴衬，在跗面弯曲部位贴衬时，使用手工搬跷或跷度整形机来定型，有利于绷帮成型，如图2-9所示。

(3)补强定型实例

① 补强定型的方法要根据部件形状、补强位置及实际鞋面所要求的定型效果来选择补强方法，不能一概而论。下面以不同形状部件的补强图例来分析传统补强的方法，如图2-10所示。

注意：

a. 鞋舌用EVA轻泡或乳胶海绵面补强，既可增加挺括度，又能填补边缘滚口的厚度差异。贴衬时边缘缩进口舌边缘3mm。

b. 衬布下口边缘距帮脚8mm，上口距边口5mm。

c. 折边鞋口的加强带要贴在距部件边缘5mm处，需要滚口的，补强带距边缘1～2mm，要整条贴。

②统帮靴跗面定型

此类结构的靴因前帮结构和靴筒在脚弯处连成了整块，所以对跷度很大的跗面及脚弯处的鞋面成型要求较高。在用机器搬跷定型的同时，还需用补强定型材料来进行加固定型，否则形状回缩不易绷帮，而且其重点是防止鞋梁处塌陷变形。笔者经过多次实践后发现，弹力衬布更适合此部位的定型，选用此种材料后，为了使脚弯处帮面挺性、支撑性好，还要考虑弹力布的走向问题。在选用时，最好使用双向拉弹力布，即只有两个方向有弹性的定型布，放置时定型布的弹力方向要和统帮靴的前帮抗拉方向一致，横向抗拉，否则无法起到定型作用，如图2-11所示。

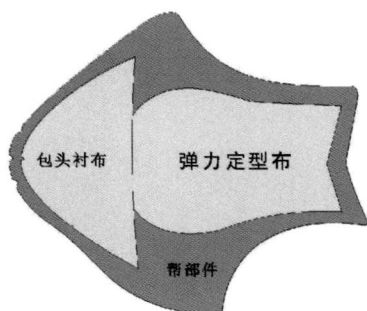

图2-11　统帮靴头排定型示意图

另外，当帮面材料变化时，补强技术也要进行相应的变化。比较流行的弹力革，除了包头、跗面定型外，还要在帮脚范围受力比较大的部位补强，以免过度拉伸，如图2-12所示。

图2-12中的跗面无需定型，主要因为帮面结构为中开缝式样，此式样靴定型很容易，与统帮鞋补强方法不同。

图2-12　弹力革面料中开缝式靴头排定型示意图

③棉靴的毛口定型

在传统工艺中，一般靴口处采用单层的里皮做毛口。但如果与毛口对接拼缝的棉里厚度较厚，由于对接处厚度不均，在鞋成型后很容易在此部位帮面上产生楞突，影响成鞋效果。笔者经过多次实践发现，一般的补强材料，无论是衬布还是补强带，从厚度及硬度上都无法满足美观及穿用舒适的要求，这种材料要求既有厚度又有舒适度。后经研究发现，一般做面革衬料的切片完全符合此条件。经实践发现，毛口粘贴切片后不仅解决了鞋口的保暖性和舒适性问题，而且解决了困扰技术人员已久的"凸楞"现象，如图2-13所示。

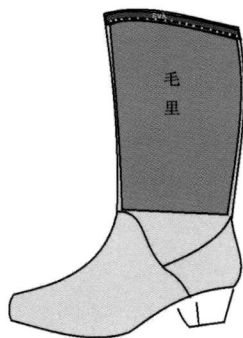

图2-13　棉靴毛口定型示意图

2.3.4　折边

将已片削的帮部件刷胶，并按照样板将部件边缘的多余部分向里面拨倒、黏合、敲平的过程叫做折边，所用的样板称为做包样板或折边样板。折边时有刷胶和贴胶条两种黏合工艺。不干胶的特点是其操作简便、无污染，不影响皮革的呼吸性能。对于天然皮革制作的休闲鞋，以及透气性要求很高的皮鞋，折边时可采用不干胶，可不露刷胶痕迹；对于易受胶液污染的皮革部件，也可采用不干胶折边。贴不干胶时应距边缘4～5mm，揭掉蜡纸即可折边。

(1)折边类型

一般折边量为4～5mm。同时因为皮鞋的款式千变万化，部件的形状多种多样，因此导致折边类型也有很多种。常见类型有：

①直线形折边

部件边缘呈直线形，如横担、鞋上口、分割线……

折边方法有两种：手工折边和机器折边(自动折边机)，都要求折边平直。

②凹弧形折边

部件边缘呈凹弧形，如围圈。若凹度不厉害，则可依靠皮革的延展性使折边后平伏；如果凹度比较大，则要打剪口。同时应注意以下几点：

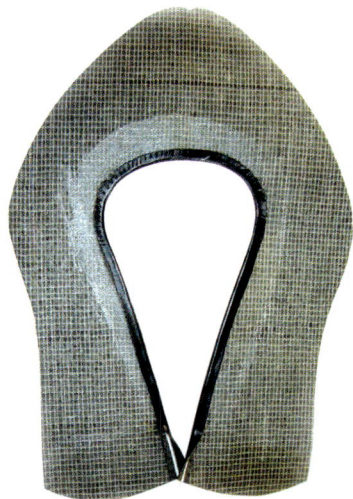

图2-14

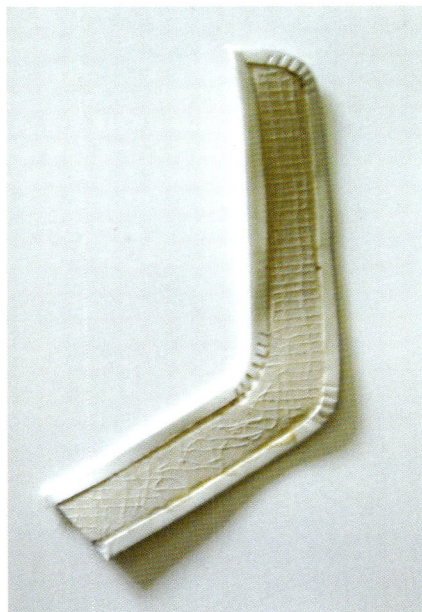

图2-15

a.剪口深度一般为折边量的2/5～3/5，一般在1/2左右。剪口过浅，折边时难以折得平伏；剪口过深，影响强度，在后面的车包、夹包、脱楦过程中易将边口撕裂。

b.剪口的密度一般以1.5～2.5mm为宜，剪口不能过密，否则影响边口的强度；剪口也不能过疏，否则难以折得平伏。

c.剪口的疏密深浅程度要根据部件凹度的大小决定，"弯大疏浅，弯小深密"。要求剪口的疏密、深浅程度一致，折边后的部件边缘平伏、光滑、流畅、无凸楞、无皱褶。

d.例证，内凹边缘的弯曲半径越小，密度就得大。例如三节头内耳式中帮口门两侧弧度，每个剪口相距约为1.5mm，剪口深度为2.5～3mm，约占边宽的1/2；而后帮上口弯曲半径大，牙剪密度可稍许放宽一点，大约为2.5mm，深度为2mm，约占宽度的1/3；对于更大的内弧，虽然有轻微的弧度，但如果皮革的延伸性和弹性较好，就不需要打牙尖了，如图2-14所示(凹弧形折边)。

操作方法：左手端起部件，右手持剪刀，左手的大拇指和食指握住部件，中指和无名指在部件底下作为剪刀的依托和靠山，拖住剪刀尖，边打牙尖边向怀里移动剪刀(反时针)。剪刀尖的角度应与部件边缘的轮廓线基本垂直，或略有倾斜为宜，牙尖的深度和密度全由两手配合控制，深度和密度一定要均匀，否则边口线条不流畅，会影响缝纫线道的整齐。牙尖过深会严重影响线条的光顺感。

③角谷形折边

帮部件的折边部位呈两边夹一谷状态，折边时，在角谷底部的尖角处距谷底0.2～0.5mm，剪口深度不能过深，否则易露出毛茬；过浅，则折不平伏。弥补的措施一般是加衬布补强，如图2-10(d)所示。

④凸弧形折边

部件边缘呈外凸弧线形，如鞋耳部位。欲使折边平伏、整齐，折边时将多余的部分打褶，要求打褶细密、均匀，折边后的部件边缘光滑、自然、平伏、无棱角，如图2-15所示(凸弧型折边)。

操作方法：打褶的工具为拨锥或指甲。操作要领：左手拇指按住部件，食指和中指扶住要折边的部件边缘，右手用拨锥将边缘进行折叠，左手食指向内挤压部件边缘。当见到轮廓线后，拨锥随即按下并向圆心方向画线，边缘与内面黏合，形成一个褶皱。

总之，皱褶必须平服整齐，密度大小一致，部件轮廓圆顺光滑，不偏不斜，与左右边缘连接顺滑，否则会有方楞出角，高低不平，影响线道的整齐和美观。

⑤尖角形折边

帮部件需折边的部位呈尖角形，如横条。折边时剪去一角，不能剪得太少，否则会折不平伏；也不能剪太多，否则会露出毛茬，影响美观。

操作方法：凡是直角或接近直角的两边折边时，应直接用剪刀剪去一角，注意剪口位置应该正好打在尖端顶点处，不能偏离，以免角端偏斜。应先在折叠的一边两端各打一个剪口(一顺一倒)，再在余下的两角顶各打一个剪口，注意剪口深度距部件轮廓的尖角处0.2～0.5mm，或者在顶角处剪掉正方形废料，如图2-16所示。

剪口的角度大小要合适，剪口与折边的角度应略小于顶角的1/2。角度过大，另一边折过来时就粘不牢、裹不紧，且过厚会影响外观；角度过小，夹角合不拢，中间会出现瘪陷。

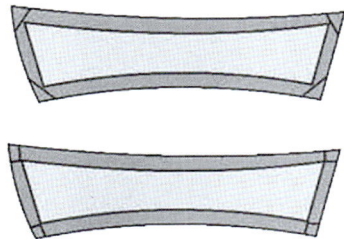

图2-16 尖角形折边处理方法

高等职业教育艺术设计类专业实践教材

(2)折边操作

折边分为手工折边和机器折边两种方法。

①手工折边

部件内面向上，用左手大拇指压住侧面，食指和中指扶起折边量，按照边缘轮廓线将部件边口卷起，无名指在其后沿部件轮廓线边做辅助扶边动作。左手折的同时，用右手握榔头捶敲，自右向左跟随左手食指边敲边移，将折边敲实粘牢，折至凹弧面时，保证轮廓线刚好全部折回，操作速度要慢。至凸弧面时，应先打褶再锤边。

注意：榔头要掌稳，落锤要轻松，避免边口裂开。榔头的锤面与垫板的接触角度要恰当，这是折边质量的关键。要以榔头外侧的半个锤面为着力点，敲打折变部位的折叠部分，榔头要掌稳，切勿摇晃。若以锤面的中心点为着力点，敲打折边部位的中心或出口，则边口受不到力而悬浮，折边则会高低不平，影响质量；若以锤面边缘为着力点，由于力量过于集中，往往会将帮皮面敲坏，出现裂开或损伤。最好在折边石或垫板上粘贴一块面革起缓冲作用，如图2-17所示。

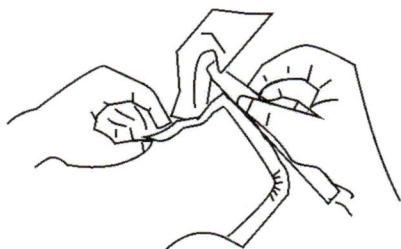

图2-17 手工折边操作

②机器折边

机器折边，边口不用刷胶，采用颗粒状的热熔型胶粘剂，该类机器有自动喷胶系统，开动机器，喷胶的同时可进行折边操作，如图2-18所示。

图2-18 自动折边机

(3)折边常规的标准要求

根据鞋帮部件的位置、鞋帮的结构与部件的形状不同，折边的技术要求和标准也不同。

①折边宽度：通常为4~6mm；后帮上口部件边缘和拉伸受力强度较大的部件边缘，折边时应略微宽些，这样会显得厚实丰满。而鞋帮内部的分割线或搭接部位，折边应窄些，这样接头部位边缘和厚薄便可均匀。

②折边厚度：也要根据产品要求变化，表2-2为节头帮部件片边、折边厚度参考数据。搭接边缘要求平整的折边后的厚度要等于或略大于鞋面的标准厚度(1.2mm)，为1.2~1.25mm；

搭接边缘要求立体感强的折边后的厚度要大于鞋面的标准厚度(1.2mm)，为1.25~1.35mm；

鞋口边缘的折边厚度，必须远远大于鞋面的标准厚度，为1.3~1.45mm。

表2-2 三节头帮部件片边、折边厚度参考数据 (单位：mm)

材料	厚度	部件名称	片料部位	片宽	片出口厚	折边宽度度	折边后的边缘厚度
牛皮面革	1.2	包头	接前中帮处	8~9	0.6	5	1.26~1.35
		前中帮	两翼处	9~10	0.5	5	1.2~1.28
		后帮	鞋口折边处	8~9	0.7	5~6	1.25~1.45

3　帮部件的准备工作

本章主要介绍了缝帮前的准备工作，介绍了部件之间的搭接及鞋帮整理技能，重点讲解了有跷搭接，学生学习过程中注意与实践操作结合起来，才能真正掌握该技能。

帮部件的装配即我们常说的车包。经过裁断、批皮、做包(折边)的鞋帮零部件，经过一定的工艺方法连接在一起，组成完整帮套的过程称为帮部件的装配。

在制帮工艺中车包是最重要的一个工段，这一工段对成品鞋的质量和外观起着至关重要的作用，通常采用机缝法，机器包括平头车和高头车。车包主要是把帮部件与帮部件、里部件和里部件、帮部件和里部件缝合在一起。

3.1　帮部件的镶接

缝合之前，要采用一定的工艺把各个部件按照要求组装在一起，也就是帮部件的镶接，也叫搭接，如图3-1所示。

3.1.1　搭接要求与方法
(1)搭接的技术要求
①搭接的准确性

每个部件的安装都不能出现超过标准的误差，总误差不能超过2~3mm，严格按照标志点和标志线搭接，否则容易造成鞋帮歪斜。

②搭接的平整性

搭接必须平整，无堆积、拉扯现象，否则容易造成鞋帮歪斜。

③搭接的立体感

帮面上的包头、围条、围盖、中帮、后帮、鞋舌以及外包跟等立体的部件有曲面，不能用平板式的粘贴和搭接方法，否则会造成绷帮不平、不符楦等系列工艺难题。

(2)搭接的基本方法
①画线、点定位。标志点、定位线和牙尖标画清楚。

②粘贴双面胶(宽6mm)，将双面胶粘贴在上压件的内面(距边口2mm)或下压件的正面搭地处(不能外露)。

③部件镶接，揭掉双面胶上的隔离纸，对准定位标志，粘贴到位，上压件的边缘轮廓盖住下压件标志0.5mm(只有围盖鞋围条与围盖的中间定位点外露，保证圆弧轮廓准确)。

④敲锤粘贴，沿镶接的部件边缘用榔头轻轻敲锤粘牢。

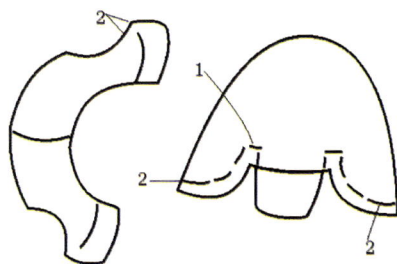

图3-1　部件搭接

高等职业教育艺术设计类专业实践教材

3.1.2 跷度搭接

跷度搭接分为手工搬跷和机器定型搭接两种。机器定型搭接是对部件进行定型后再进行搭接，技术要求与手工搭接相同，如图2-5所示。

（1）对准中点

将搭接部件中点对正，分内外两侧，按照标志点、线逐段进行搭接黏合。如三节头中帮与后帮的搭接，先中帮口门正中标志点对准后帮两鞋耳的中缝并黏合，然后自中心点向两旁将中帮按内搭线逐段对准，并盖压0.5mm粘贴，不能误差太大，不能硬拉、硬推，否则会造成紧帮或松帮等现象。

（2）曲跷搭接

俗称搬跷，即镶接部位必须搬出一定的跷度，使部件呈曲面状态，中心点对正后，沿着标志点、定位线随着弯曲形状进行搬跷，搬跷时应注意内外均匀对称，防止歪斜，如图3-2所示。

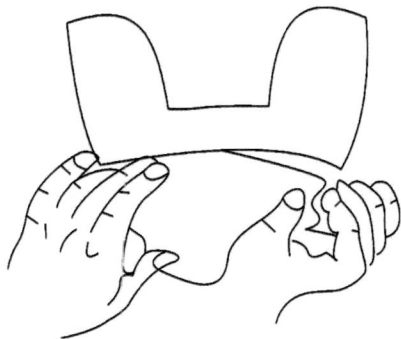

图3-2　曲跷搭接方法

3.1.3 盖式鞋鞋盖与围条之间的镶接

撑拉鞋盖，使其变长3～5mm，与鞋围长度一致，如图2-9所示。

操作：正面向上，大拇指与食指捏住鞋盖边缘，用双手食指顶住用力向外撑(注意控制力度，跷度搬好后及时粘贴，防止长度回缩)，再粘贴双面胶于搭地上，对准中点，按标志点和标志线逐段粘贴。

3.1.4 条带凉鞋镶接

条带凉鞋镶接必须掌握好面革的延展性，部件中心点对正，沿标志点和标志线逐段随着弯曲形状进行搬跷并镶接准确，随即用榔头轻轻敲锤粘牢，如图3-3所示。

图3-3　条带凉鞋的镶接

3.2 帮面与鞋里的粘贴

粘贴帮面与帮里的目的：为了帮面与夹里的顺滑、准确配合、使鞋帮呈弧形，以及鞋帮缝合与成型时的顺利和方便。

3.2.1 鞋里的组合类型

鞋里的组合类型主要有以下几种。

高等职业教育艺术设计类专业实践教材

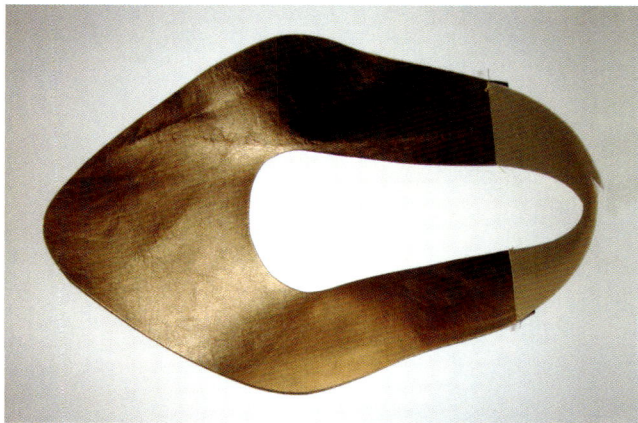

图3-4　浅口鞋鞋里

图3-5　三段式鞋里

①整体式：前后帮不分割，通常用于浅口鞋。

②两段式：鞋里分为前帮与后帮两段，前为布里，后为皮里。分界线在前脸时，结构清爽、舒适、大方，腰窝卫生性好。深脸鞋里包括内耳式、外耳式和舌式，一般为两段式样，前为布里，后为皮里。为了节约材料，鞋耳和鞋舌部分应分割开，浅口鞋为了增加后跟的摩擦性能，也可分为两段(图3-4)。

③三段式：在两段式的基础上，为了节约后帮或增强内后跟的摩擦性能，将后帮皮里分为中帮鞋里和后跟鞋里，同时分为前、中、后三节(图3-5)。

④两片式：用在特殊的鞋帮结构，如鞍脊式是一种特殊的耳式鞋，两片式为全皮里，也可分为前、后帮两段或前布里、腰帮与后跟为皮里。

⑤组装式：多用于凉鞋。另外，高腰鞋一般用两片式或两段式，高腰棉靴要有护口皮，耳式鞋要有护耳皮。脚趾和后跟等特殊部位，需要护趾皮和溜跟皮。长筒靴的靴里由前帮和后帮靴筒组成，为两段式，必要时应加后缝长条皮，保障腿肚的圆整性，并补强后缝。

3.2.2 鞋里搭接与装配的工艺标准

①搭接量：皮里与皮里搭接5mm，皮里与布里搭接8～10mm。

②冲里量：鞋帮上口、条带部件、鞋舌和鞋耳下粘贴里皮时，超出面边缘4mm，为缝帮之后的修边。

③缩进量：皮鞋帮脚缩进面边缘8～10mm；凉鞋条带缩进10～12mm。

④粘贴技术：使帮面与鞋里连成一个整体，贴合时鞋帮端正平服，部件边缘线条自然而不变形、不扭曲。总结来讲，有以下五点要求：

a.鞋帮两侧、各种条带部件及鞋帮平面部件要粘贴平整。

b.鞋帮跗面及后跟处必须按照曲面内外层差异进行曲面粘贴，即鞋里略紧鞋面略松，粘贴平整无皱纹和褶裥，粘贴时应左右分开。

c.上口边缘应粘贴紧密，不空不皱。

d.粘贴时帮面与鞋里均不能拉扯与凑合，而影响两者的松紧配合。面松里紧帮面会起皱，面紧里松，鞋里会起皱，影响穿着舒适度。

e.后跟帮面与鞋里的空隙应符合主跟安装要求，女鞋中空3～4mm，下口部位空隙2～3mm；男鞋应比女鞋大1mm。若间隙小，则会帮里褶皱；若间隙大，会使帮面空壳，不贴楦。

3.2.3 帮面与帮里的组合形式

根据鞋帮式样结构确定帮面与鞋里的组合形式，一般分为以下四种。

(1) 单部件鞋里黏合

单个部件单独粘贴鞋里、凉鞋的条带、带式鞋鞋带、舌式鞋横条的鞋里的黏合。

(2) 接帮鞋里的黏合

前帮和后帮分别各自粘贴鞋里，单独缝合之后，再进行接帮总装，一般用于耳式、舌式鞋的两段及三段鞋里的黏合。特点是上口平整牢固，帮面与鞋里分别刷胶对正直接粘贴平整，如图3-6中a与b图中的装配。

(3) 整帮面里的套合

帮面与鞋里分别独立完成，套合粘贴，一般用于浅口、带式和舌式鞋。在帮面和鞋里上口边缘刷胶，帮面套在鞋里上，按照鞋口边缘粘贴，注意上口边缘松紧度的配合(图3-7)。

(4) 翻里黏合

将后帮上口面相对缝合，再刷胶翻折鞋里进行黏合，可分为以下三种形式：

①搭接翻里

帮面边缘折边，帮面与鞋里正面向上，边口沿边直接搭接，并缝合边线，帮面与鞋里内面刷胶，鞋里沿上口边缘折回帮面内面，需要在鞋里内弯边缘打牙剪，像折边一样，帮面粒面有线迹，而里面无线迹。常用于正装鞋、绅士鞋及中高档鞋后帮上口。

②暗缝鞋里

帮面边缘片出口，无胶折边，帮面与鞋里正面相对，沿轮廓线缝合，帮面与鞋里内面刷胶，鞋里翻向内面。注意在内弯处打牙剪，按照边缘轮廓线进行折边黏合，鞋里边缘不外露，且看不到缝合痕迹，边缘光滑、圆润、清爽、素雅。常用于休闲鞋、便装鞋、运动鞋、运变鞋上口。

③包边翻里

上口一刀光，帮面与鞋里正面相对缝合，将鞋里翻折包住面边口，鞋里内弯打剪口，像滚口一样露出一定宽度的边缘，最后黏合帮面与鞋里。沿口露于帮面部件边缘上，看起来丰满圆润。常用于运动鞋、休闲鞋、旅游鞋等鞋的软口结构上。

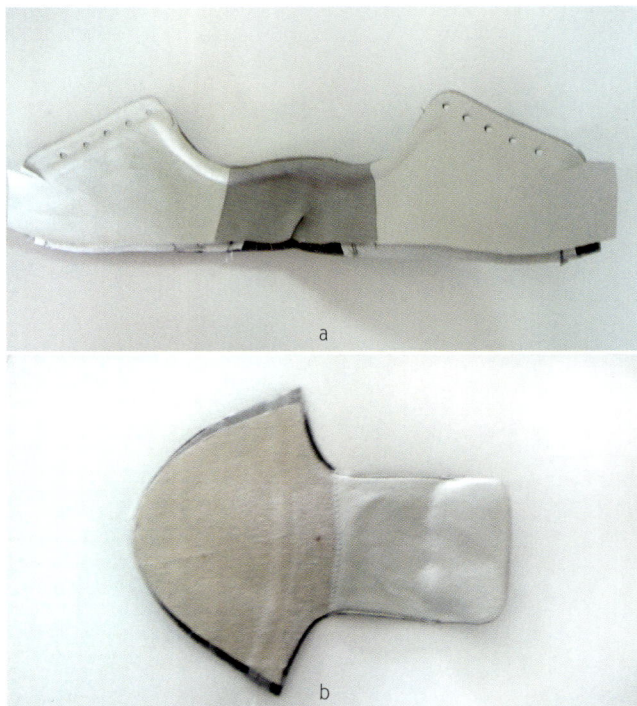

a

b

图3-6 休闲鞋装配接帮鞋里

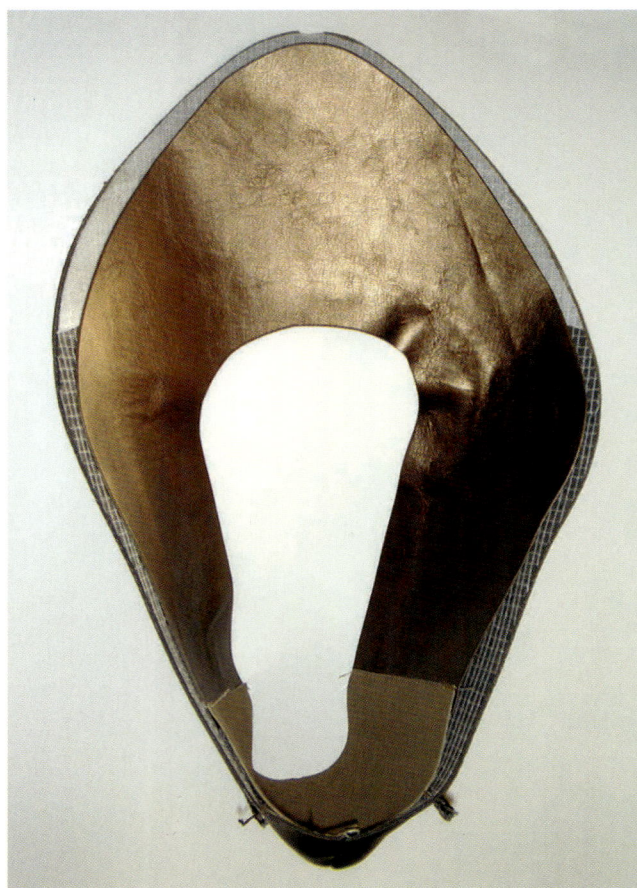

图3-7 浅口鞋整帮面里的套合

3.3 滚口与鞋帮整理

3.3.1 翻滚口与捻滚口的操作

(1)捻细滚口

又称法国式滚口。缝纫机缝好滚口后，在滚口与鞋口边缘内面刷胶，只在滚口范围之内刷。

食指在上、中指在下捏住滚口边缘，将滚口条翻起，用力拉滚口，随即捻滚口边缘，然后左手大拇指和食指将鞋口边缘捻实，避免滚口粘贴不牢造成空边。

同时应注意以下四点：

①翻拉和捻滚口时的力度要均匀。用力过度会露出针脚，力度以滚口捻实又不露外脚为宜；

②遇到凹度处在滚口条上打剪口。剪口要均匀，深度应占翻边宽度的2/3，深浅要一致；

③捻滚口时，特别注意滚口的粗细均匀。对缝滚口不匀的地方，应加以调整，缝合过宽时应捻紧一些，缝合过窄时应捻松一点；

④滚口翻捻完毕，再用锤子沿着滚口边缘轻捶一遍，将滚口捶平，粘贴牢固(图3-8)。

(2)折叠宽滚口

缝宽滚口又称美国式滚口，操作要领基本与细滚口一样。不同的是，遇到转弯的凹弧轮廓处，剪口深度只占翻边宽度的1/3左右(图3-9)。

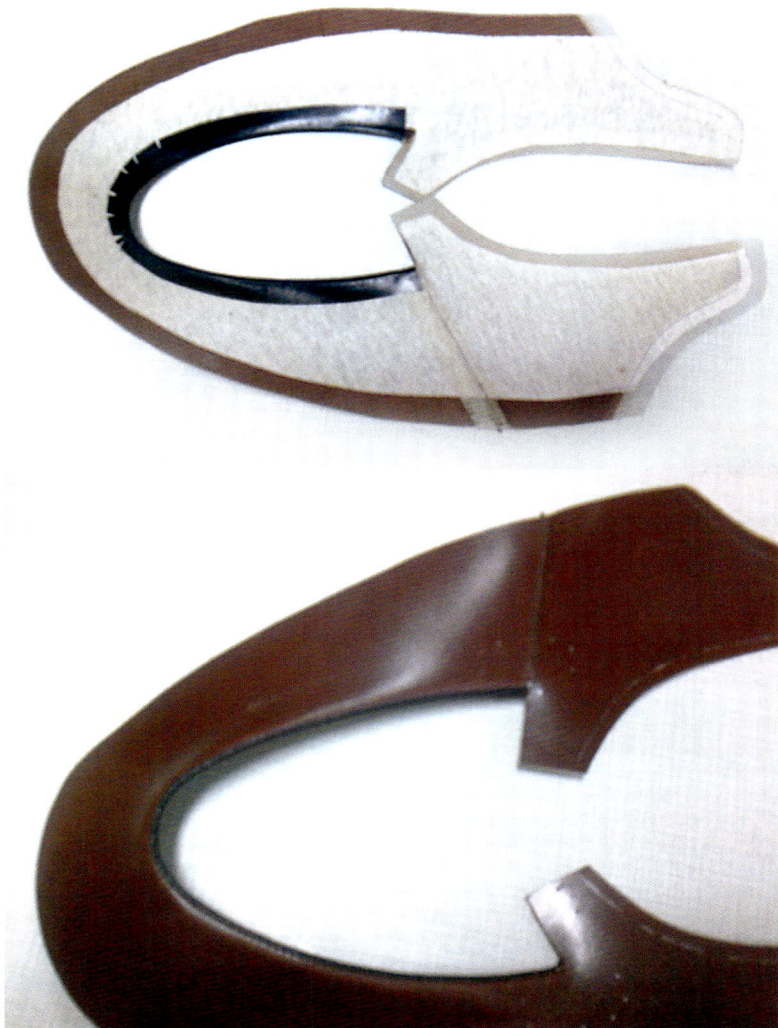

图3-8 细滚的正反面

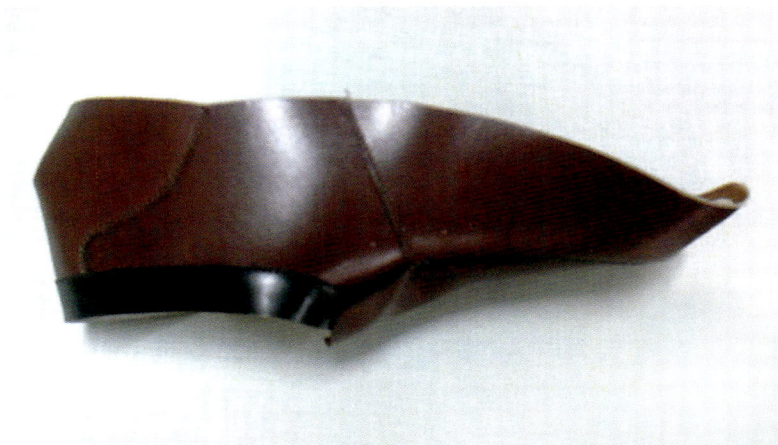

图3-9 鞋口宽滚口

高等职业教育艺术设计类专业实践教材

3.4 鞋帮整理

鞋帮整理包括修剪鞋口里皮、修边刀冲里边、毛边处理、清理线头。

将鞋帮边口多余的里皮边缘冲切剪掉，称为冲鞋里或修剪里皮。其方法有机器修剪里皮和剪刀修剪里皮两种。

手工冲里分为剪刀冲里和修边刀冲里两种，边口要求光滑整齐，与线距离保持在0.8mm左右，边缘均匀一致，不能冲伤帮面边口或冲断缝线。

操作步骤：

(1) 修剪里皮

帮里向上，右手持剪刀在底线的左外侧距线0.8～1mm处剪一小口，左手大拇指和食指捏住其余边，用中指和无名指压住帮件，剪刀张开呈"V"字形，剪刀头略向上并微翘，以免划伤帮面部件边缘。剪刀尖端要靠近缝边的线脚，并顺线道平行方向向前均匀用力和匀速冲边。左手食指缠绕修剪下来的边条，随即用左手大拇指与其余手指配合变换按压位置，依次循序操作，直至冲完里皮。操作时剪刀口张开角度要掌握适当，不能忽大忽小，否则容易冲伤部件，一直顺冲切口超前冲切，否则容易出现锯齿，如图3-10所示。

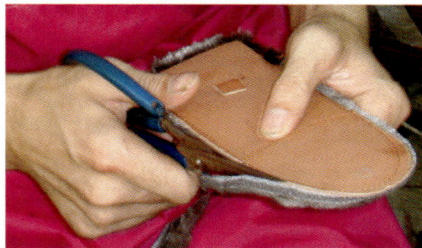
图3-10 修剪里皮

(2) 修边刀冲里边

修边刀是冲切鞋里时所用的专用刀。操作时，右手握住刀柄、左手按住部件边口，在底线的右外侧距缝线0.8～1mm处，刀口前端同样向上微翘，刀底紧靠底线，平稳地向左前方推进。推进时，左手随之向前移位，变换按压帮部件位置，使用修边刀修剪。这种操作方法速度快、效率高、质量好，但对弯弧小或内尖角处的鞋里，需要用剪刀进行补充修剪，也可用修边机完成，如图3-11所示。

图3-11 修边机

(3) 毛边处理

真皮部件的一刀光边口有毛边现象，需要进行修整。较厚的皮革内面存在着绒毛，可用匀边或片边方法处理。对于较薄的真皮，一般采用内面刷胶，黏固毛头。通常使用纯天然黏合剂，会使粘毛效果好、边口平滑、光洁。此外，采用专用的处理剂——"刷口浆"涂刷，不仅处理了毛口，还具有极强的装饰效果。

(4) 清理线头

①埋藏法

将线头打结后埋藏于鞋里与帮面之间的处理方法，称为埋线法。用手拉住底线线头，用力将面线的线头带入鞋里的一边，调整好最后一针的面底线后，用胶水粘一下线头，稍干后用右手将线头拧紧粘牢，然后用直锥在最后一个针孔旁边的鞋里上扎孔，将捻紧的线头埋入扎孔内。此法尤其适合用天然丝线缝帮。

②热风法

使用化纤缝合鞋帮，缝合结束后使用热风除线头机，将线头清理干净。注意控制好热风的温度、烘烤鞋帮的距离、位置，以免使用不当而将皮面、缝线等损坏。

高等职业教育艺术设计类专业实践教材

图4-1 高头缝纫机

4 鞋帮缝制

本章主要介绍了制鞋的核心技能及其有关知识点，重点讲解了缝帮技巧。学生首先要学会熟练操作缝纫机，学习技能是反复练习。如果懂得该门技术的窍门，会达到事半功倍的效果。学生学习过程中要与本单元的视频及多媒体课件紧密结合起来，从而真正掌握该技能。

4.1 缝纫机的基本知识

4.1.1 鞋用缝纫机的种类

(1)按工作台板的形式分类

按工作台板的形式可划分为平台式、圆筒式和高台式。

①平台式缝纫机

其工作面板与缝纫机台板在同一个平面上，有很高快缝纫速度(每分钟2400～2500针)，缝纫厚度可达7mm，便于快速调换缝纫方向，适合于平面缝合、收皱缝合。

②圆筒式缝纫机

也称悬臂式缝纫机，工作面板为圆弧形，满载圆筒式的悬臂上，并高出台板平面悬空，使用时自由度大，便于筒形部件缝合时移动不受阻碍，针码可无级调节且密度准确，刹线紧，缝纫速度为1400～1600针/分钟，最大缝纫厚度为9～11mm，特别适合缝制皮鞋鞋帮、曲面和靴筒等鞋帮部件。

③高台式缝纫机

也称立柱式、高桩式缝纫机，工作面板位于立柱顶端，立柱竖立于缝纫机的台板上，而且高出台板很多。可以有效控制部件的缝纫方向，方便回车，最高缝纫速度为2600～2800针，最大缝纫厚度为7mm(图4-1)。

(2)按机针的多少划分

按机针的多少划分，缝纫机又分为单针机、双针机和多针机。

①单针机：针杆、机针与旋梭单独配合构成一个系统，一次只能缝纫一条缝线，是缝纫机中最基本的一种。

②双针机：一般只有一根针杆，可同时安装两根机针，与之配合的旋梭和夹线均为两套，可同时缝纫两道线。提高了缝纫的强度和缝纫线的美学效果。

③多针机：针杆上可安装的机针数量为3～4根或4根以上，多者可达6～7根针，与之配合的导线系统也相应增加，用于多线缝纫和拼接缝纫。

(3)按缝纫的功能划分

按缝纫的功能划分，缝纫机可分为常规缝纫机和特种缝纫机。

①常规缝纫机：用于拼接、搭接和一般装饰性缝合。

②特种缝纫机：包括摆缝缝纫机、归拢收皱缝纫机、烧麦式专用缝纫机、绣花缝纫机、各种专用功能缝纫机以及电脑缝纫机等。

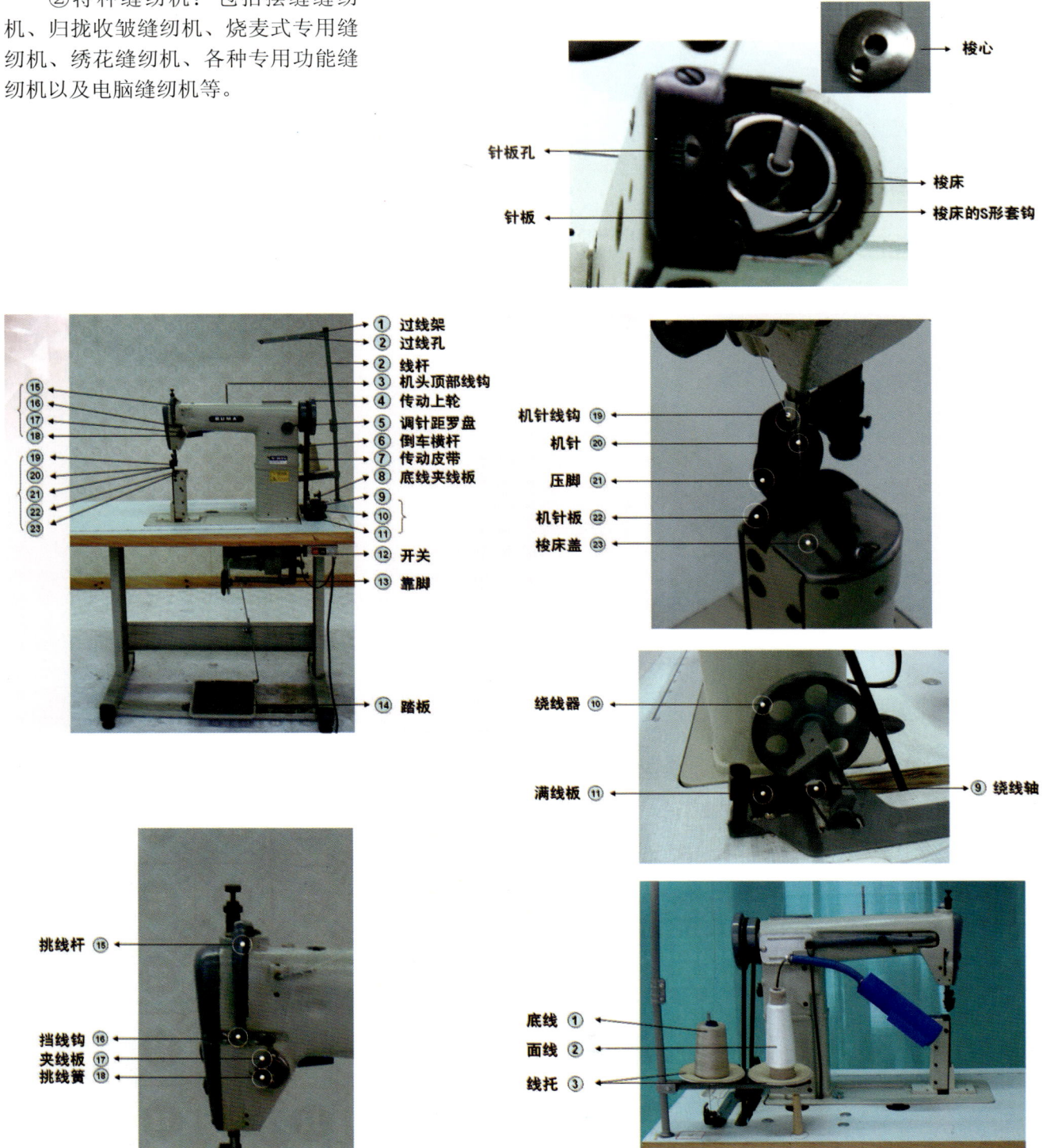

梭心

针板孔
针板
梭床
梭床的S形套钩

① 过线架
② 过线孔
　线杆
③ 机头顶部线钩
④ 传动上轮
⑤ 调针距罗盘
⑥ 倒车横杆
⑦ 传动皮带
⑧ 底线夹线板
⑨ 绕线轴
⑩
⑪
⑫ 开关
⑬ 靠脚
⑭ 踏板

⑮
⑯
⑰
⑱
⑲
⑳
㉑
㉒
㉓

机针线钩 ⑲
机针 ⑳
压脚 ㉑
机针板 ㉒
梭床盖 ㉓

绕线器 ⑩
满线板 ⑪
⑨ 绕线轴

挑线杆 ⑮
挡线钩 ⑯
夹线板 ⑰
挑线簧 ⑱

底线 ①
面线 ②
线托 ③

图4-2　高头缝纫机结构图

4.1.2 缝纫机的调试

(1)机针的选择与安装

高台车采用DP×5型号的机针，使用时应根据鞋帮的厚度，正确选用机针型号。帮厚时用粗针，否则针容易弯曲、折断。机针一面有线槽，起藏线作用，当机针扎进鞋帮时其缝线可随线槽进入鞋帮材料内部，达到缝纫目的。安装机针时短槽一面应向右，否则容易出现断针、跳针、断线等毛病。安装机针时必须将针装到顶部，不得留有空间。

同时注意线和针应粗细搭配。注意：针线粗细混乱搭配时，容易造成断针、断线，影响正常运转。

(2)缝线松紧度的调节

根据鞋帮的材质和结构特点不同，车线松紧度也有所区别。旋梭的夹线板顺时针转车线可调紧，逆时针转时则已调松。

若要调整底线，可在梭芯簧片的螺钉上调节：逆时针转可调紧，顺时针转可调松。

(3)穿面线

从套在线杆上的线团中拉出线头，穿过缝纫机头顶部的线钩，再将线头向下嵌入两片夹线板中，并绕过挡线钩，向下挂在挑线簧上，穿过挑线杆孔后，再向下嵌入机体上的过线斜孔中，然后勾入机针线钩，将线头从左向右穿过机针孔，拉出面线50mm作为余量，穿面线过程完成。

(4)穿、绕底线

若进行穿、绕底线，必须先取出梭芯。操作时用右手逆时针转动缝纫机的上轮，使机针的针尖处于压脚轮的中心位置，此时挑线杆上升到最高点，取出梭芯。

绕底线：在缝纫的同时使用机侧的绕线器，先将梭芯套在绕线轴上，朝里推紧，然后从过线架上的线团上拉出线头，穿过挡线钩，自上而下绕过夹线板到梭芯，将线头在梭芯上绕几圈，然后用满线板压住梭芯，并使绕线轮紧贴传动皮带。在缝合过程中，传动皮带带动绕线轮旋转，梭芯则开始自动绕底线，绕满时，绕线轮会自动脱离传动皮带，从而停止绕线。拉出一段缝线作起针余量，放入梭芯到摆梭内，然后将线头套入梭托的S形套钩上，将缝线拉入梭芯盖的边槽内，再将缝线从吐线眼拉出，最后盖上梭床盖即可。

最后用右手逆时针转动上轮，使机针插入梭床内，左手捏紧面线头，右手继续转动上轮，使面线将底线拉出针板孔，绕底线工作完成。

4.1.3 缝纫机操作

电动缝纫机是由电机带动缝纫机上轮转动，进而机针上下运动。机针上下运动的快慢即缝纫速度，是靠踩在踏板上的力量大小来控制的，所以缝纫的基本功就是对缝纫速度快慢的控制，控制的好坏不仅影响工作效率，而且影响产品质量。在缝纫过程中，根据具体的缝合形式，左右手可一前一后，或一左一右握紧料件，目光集中在压脚轮边口与部件边口之间的间距上，两手平稳地扶正部件，手脚密切配合，控制好缝纫速度和缝线的边距。

4.1.4 缝纫机的保养与维护

(1)加油，是维护机器正常运转的有效措施，目的是为了减少高速磨损，延长缝纫机的使用寿命。上午、下午和晚上各加一次油，每次加5～8滴，旋梭部位适当增加2～3滴。

(2)使用时避免或少踩空缝纫机，否则会加剧送料牙和滚轮压脚的磨损。

(3)工作结束后关掉电机开关并加油和清洁机头，将压脚打开。最后盖好机车护翼，熄灯。

(4)工作中，若发觉缝纫机头或电机异常声响，应立即关闭电机并及时检查修理。

高等职业教育艺术设计类专业实践教材

4.2 缝纫机的针与线

缝纫机的针与线必须按缝合部件的材料性能、厚度以及缝合强度、针脚类型和线迹的工艺要求进行合理选配。

4.2.1 缝纫线的选用

天然皮革适合采用蚕丝线和合成纤维长丝线(涤纶长丝线)缝合;部件为棉织物时,应使用棉线或涤纶线;若使用化纤和混纺织物作鞋面时,应使用合成纤维线。一般情况下,缝纫面线和底线均用同一种类。以下就分别学习一下各种不同材质的缝纫线。

(1)棉缝纫线:强力高、无光泽,有良好的可缝性,但缩水率大,染色牢度差,不宜缝制高档产品。棉缝纫线包括棉丝光线(用于缝制布面鞋帮,也可做底线)、棉蜡光线(质地硬、缩水大,用于布面鞋帮、毛皮鞋里、鞋垫的缝制)两种。

(2)蚕丝缝纫线:强度高,光泽美丽,收缩小,耐高温,不易断。缝纫性好,但价格高,常用于高档鞋靴的缝制。

(3)麻缝纫线:包括苎麻线和亚麻线,鞋靴一般用苎麻线。其特点是:强度好、伸缩率小;吸湿、排湿快;耐磨性和柔韧度高,用于鞋靴缝梗和缝底。

(4)涤纶线:分为短纤维线(涤纶线)和长丝线(涤长丝线)。其特点是:强度高、缩水小、弹性好,且性能优越。短纤维线用于皮鞋和运动鞋的装饰线,毡里线可广泛代替棉线作底线;长丝线可代替蚕丝线,用于缝制鞋帮。

(5)锦纶缝纫线:均为长丝,有光泽、蜡感,收缩率大,强度和耐磨性好,性能优越。耐热、光,变黄性、保型性差,不适合高速缝纫,用于低档鞋、缝梗线、装饰线和靴毡里线。

(6)涤棉包芯线:用涤纶长丝线作芯线,用棉线做外包线,强度、耐热性、可缝性均好,适于高速缝纫,价格高,适合高档鞋的缝制。

(7)混纺线,即棉或麻与尼龙混纺,多股,无光泽。使用时会起毛,常用做底线。缝纫时不易扭卷(因为缝纫线扭卷会造成底线阻塞,送线不顺),而出现沉线和断线。

缝帮线损耗=单位距离内的针数×2(针距+材料厚度)×线迹长度+5%损耗率。因为在同样的线迹下,材料增加2倍,线用量增加12%,针码右4针/cm缩小至5针/cm,需要增加线用量10%。

4.2.2 缝纫线的规格

缝纫线的规格包括粗细和合股数量,应依照材料的密度、厚薄、重量和缝合结构确定,选用不当会影响缝纫效果。如:皮鞋缝纫线如较细,会影响其强度;针线不匹配会产生跳针现象,缝纫线过粗容易收缩。

缝纫线的规格由单纱或单丝的特数和合股数来表示,14.8tex×3为涤纶线,167tex×3(150D×3)为涤纶长丝线。通常材料越厚,所用缝纫线便越粗,且面线粗于或接近底线。缝纫线的规格也可用简单的线号表示,如80、60、40细线(号越大,线越细);1×3、2×3(30号)、3×3粗线(号越大,线越粗),如图4-3所示。

图4-3 粗细不同的缝纫线

高等职业教育艺术设计类专业实践教材

4.2.3 缝纫线的断裂强度

用单线强力指标表示缝制要求较高，即面线一般不低于490CN/50cm，底线不低于295CN/50cm。另外，变形系数也有要求，棉线不大于10%，涤纶线不大于13%。

比较强度：从纤维线材质看，其强度蚕丝线 > 其强度短纤维线；从纤维长短看，其强度锦纶长丝 > 涤纶，涤纶短纤 > 棉；从耐磨强度看，其强度锦纶 > 涤纶 > 棉。

4.2.4 缝纫线的捻度和捻向

缝纫线的加捻作用是为了提高强度，太小容易断线，太大造成线环钩不住梭尖引起跳针或铰接，影响供线而断线。

捻向分左捻和右捻：

Z捻左捻（反时针捻）：用右手食指在拇指指腹上由右向左或由下向上搓捻。若竖看线头其纱支呈左下右上走势。

S捻左捻（顺时针捻）：用右手食指在拇指指腹上由左向右或由上向下搓捻，若竖看线头，其纱支呈左上右下走势。

在合股数相同情况下，S比Z捻直径大，使用Z捻时机针可比较细。S捻耐磨性较好，但重复弯曲疲劳性能比Z捻小。锁式缝纫机使用Z捻，否则容易断线。链式缝纫机用Z捻、S捻均可使用。

4.2.5 缝纫线的其他物理性能

（1）颜色和牢度。缝纫线的颜色比材料颜色深半阶至一阶，一般颜色相同或略深于材料颜色。色牢度分为耐光色牢度和摩擦色牢度，一般为四或三级。

（2）吸湿性和弹性的选择。鞋靴用弹性大的高强涤纶长丝线和锦纶长丝线，鞋底线用吸湿性好的苎麻线，这种选择方法能保证针孔密实且不漏水。

注意：使用化纤缝纫线时用三号机油浸渍，可避免摩擦生热和打卷；需要熨平或熨烫帮面操作时，在化纤缝纫线上刷点冷水，防止其熔断；同时，使用烘线头机时不宜太近，更不能烘得太久。

4.2.6 缝纫机针的选配

根据材料情况、针脚种类选用缝纫线和针。

（1）缝纫机针的针号

缝纫机的粗细用针号表示。厂家不同，针号也会不同。一般来讲，有44×100（8号针）、44×100（9号针）、44×110（11～12号针）、44 ×120（14号针）、44×130（16号针）、44×140（18号针）、44×150（20号针），如图4-4所示。

选用针线的基本原则：

①依照材料的软硬厚薄选定机针和缝纫线的粗细，材料软、薄的用细针和细线，材料厚、硬的用较粗的针线；

②缝纫线必须填满被缝材料上由针穿透的针孔；

③缝纫线的粗细必须正好充满机针上穿线孔的宽度；

④当穿有缝纫线的机针插进针板时冒线仍能抽动。

图4-4 各种型号的机针

高等职业教育艺术设计类专业实践教材

(2)机针的针尖形状及选择

一般的纺织材料和薄软皮革缝纫时，应采用圆锥形和圆球形针尖，其优点是有助于扩展纤维，不至于切割或损坏织物及皮革粒面。而对于皮革、热塑橡胶、薄胶片、帆布，应使用有切刃的机针（刀针），因为刀针比标准针（圆针）更容易刺穿皮革，使摩擦温度降低，并且针孔的割口不至于削弱材料韧性。

从外观来讲，缝纫机的针尖有各种不同的形状，总的来讲可分为以下五类，其目的都是为了增加穿透力，减少材料与机针之间产生的摩擦热，减少机针对材料纤维的损伤。

①铲形尖：针尖有扁圆形刃口，包括横刃（缝制帮面）和纵刃铲形尖（适用于拉力小的接缝和粗长线缝纫）。

②右皮尖：属于斜刃针尖类，针尖扁而锐利，切口与线缝右倾45°角。

③左皮尖：属于斜刃针尖类，针尖扁而锐利，切口与线缝左倾45°角。

④四面磨光尖：包括左、右倾斜的针尖在内，均属于菱形针尖，适于缝制坚硬及干性皮革。针尖重心稳定，穿透力大，可分为纵刃和斜刃。

⑤珠形尖（PC）和球形尖：属圆形机针，专门用于缝纫细而软的皮革，如小牛皮、山羊皮、薄绒面革。使用时针距可以缩短，密度可以很大，珠尖针适合漆皮革的缝制。

4.3 鞋帮缝合的标准

4.3.1 缝纫线迹

①线迹清晰：饱满圆润，缝线不毛、不散；

②线道整齐：边距一致，并线距离均匀一致，整齐顺直；

③针距均匀：每一针的长度都要一样长；

④上下无翻线，即面上不翻底线，下面不翻面线；

⑤重针：针孔相同、线迹重叠，称为重针；

⑥开线：缝纫线松脱、断掉、散扣、针孔贯通及部件未缝住而张开。

⑦无浮面线：面线张力小，底线张力大，面线露于被缝物底面，底线呈直线状；浮底线：底线张力小，面线张力大，底线露于被缝物表面，面线呈直线状。面线是被夹线器的夹线板所夹持，其张力大小可由夹线螺母来调节；底线张力大小则可通过摆梭梭芯钩的螺丝来调节。如图4-5所示。

⑧无跳线：面线不能将底线勾上来，被缝物上要留有针眼，面线、底线均呈一条直线。防止机针的粗细与被缝物的厚薄不相称，或机针的粗细与缝线的粗细不相称，如图4-6所示。

⑨无断线：由于面线张力过大，使机针孔留有毛刺。如果被缝物硬、厚且机针过细，机针粗细与缝线粗细不相称，缝线质量差，粗细不均匀等，都会产生断线现象，同时也会因为机针与压脚轮边口过近、梭芯绕线不均，出现乱、散、松现象，如图4-7所示。

图4-5 浮线图

图4-6 跳线图

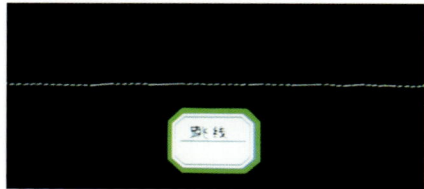

图4-7 断线图

4.3.2 缝纫线迹的规格标准要求

①针距：针码，即在规定长度内所具有的针数，也就是每一针缝纫线的长度。线距由针和线的粗细决定，标准如下：210D/3表示210支三股线，如图4-8所示。

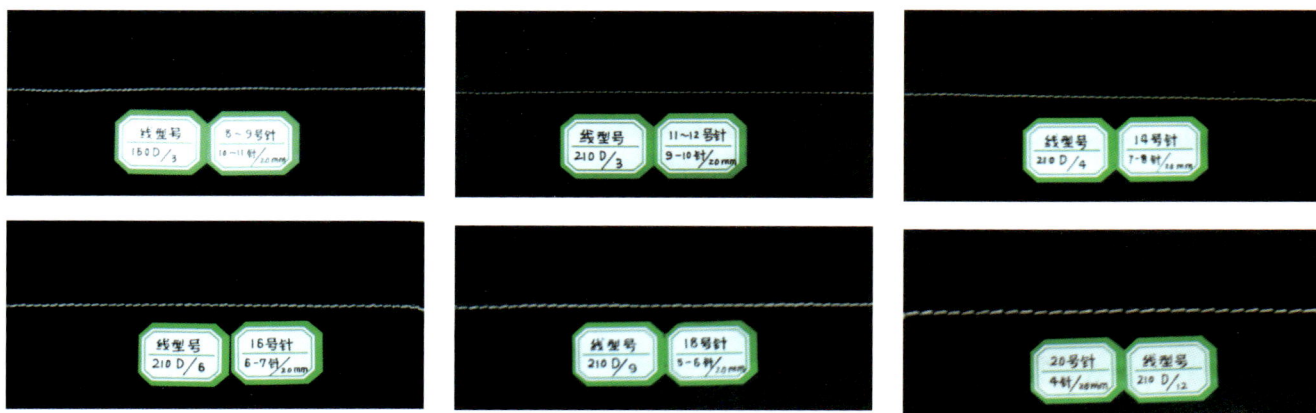

图4-8 针距要求

②边距：缝纫线到部件边缘的距离，由材料厚度、软硬程度、鞋帮结构以及工艺效果来决定。对于软、薄型材料，边距必须小些，反之边距要大一些。以下是常见的几种边距尺寸：

鞋口边距1.3～1.8mm，搭接边距1.1～1.2mm，合缝边距1.2mm，细滚口边距（缝滚口线）1.1mm，压线边距（细滚口压线）0.5mm，宽滚口边距距鞋口边缘3～6mm。如图4-9所示。

图4-9 边距要求

③线距：指并排线与线之间的距离。通常为0.8～1.2mm，离线（距离较远时）为3～4mm，线宽（拼缝线）左右摆动的总宽度为6～8mm，如图4-10所示。

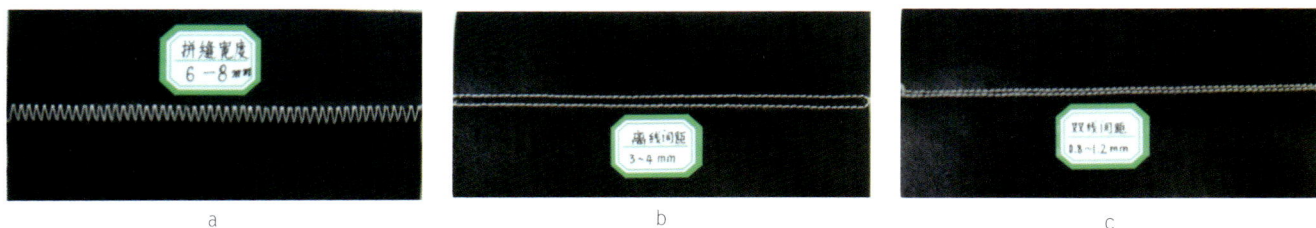

a   b   c

图4-10 线距要求

高等职业教育艺术设计类专业实践教材

4.3.3 缝帮的工艺过程要求

①搭接头尾要重针3～4针；断面线补救接线时要重针2～3针；断底线补救接线时只重一针，围条与围盖搭接时不允许有断线和接线现象。

②缝柔软和薄嫩的面料鞋帮时压脚要松一点，防止损坏面料。

③搭接部件时，上部件边缘盖住下部件定位标志线0.5mm，要做到搭接准确整齐，要使针孔压住被压件的标志线，不可露在标志线外，否则在绷帮时由于拉伸作用会露出下压件上的标志点。

④翻折边，若里皮光滑未片边，则面皮要超出里皮1.2～2mm；若里皮经过片削，则里皮要超出面皮1.2～2mm。

⑤围条与围盖搭接时，鞋盖需拉伸的地方在距趾，不可拉伸包头部位，以免引起歪斜。拉伸时标志点和线对准，不能偏移。围条与鞋盖线、合缝线受力大的部位，必须将面线和底线调紧一些。在缝装饰线和较软的料件时，面线与底线要松一点。

⑥帮里内外要干净，不要污染面里，不要留有线头。修剪里皮时，后帮鞋口缝线外预留0.8～1mm的余量，后跟鞋里保留10mm的余边不剪，待成鞋后再修掉。

4.4 帮部件的基本缝合形式

按常规来讲，鞋帮缝合顺序是：缝前帮——缝后帮——前后帮接缝——缝滚口及特殊缝合。帮面的缝合形式有很多种，以下笔者分别加以详细讲述。

4.4.1 平缝法

平缝法的对象有以下两类：

①单层的帮面：装饰线或帮面上缝合面积较小的、起装饰作用的部件。

②单层的帮面和帮里：鞋舌和鞋舌里三边的缝合；后帮上口面和里的缝合，如图4-11所示。

图4-11 鞋口平缝

图4-12　压茬缝正反面

4.4.2　压茬缝法

压茬缝法也称搭接缝法，如图4-12所示。压茬缝法应用最为广泛，应用结合牢固度高，且用在较明显的部位，如前排和后排的结合。采用压茬工艺的上压件和下压件缝合时采用压茬缝法。上压件通常采用折边或一刀光工艺，下压件放出7～8mm的内搭量。

（1）搭接缝合方法

缝合时上压件的边缘与下压件的标志线（下压线）对齐，沿着上压件的边缘保留一定的距边宽度（1～1.5mm）缉线一道。部件镶接包括两种：平面搭接（部件间呈平面状）、有跷搭接（部件呈曲面）。

①平面搭接：镶接时，按照标志点在部件上刷胶或粘贴双面胶，按顺序粘贴部件，上面部件盖住下面部件的标志点、线0.5mm，要求粘贴平坦顺畅，用榔头敲打粘贴部位，黏合牢固。

②有跷搭接：位于楦面跷度大的部位，也是样板需要曲跷处理的部位，如包头线、口舌线、鞋盖与围条。鞋盖镶接时，将鞋盖部件两侧的迟滞部位边缘分别拉长3～4mm，使镶接后呈曲面，利于绷帮和定型。

（2）搭接的缝合标准

上压件是折边时：边距1.2mm；若为毛边，边距1.5～2mm。

男鞋鞋帮采用11号针，40号线，针距9～10针/20mm。

女鞋鞋帮采用9号针，60号线，针距10～11针/20mm。

（3）搭接的线迹模式

①单线模式：单针缝纫一道线，线条细小、含蓄、简约，但强度低。

②并线模式：用单针或双针缝合相互并列的线，间距为0.8～1.2mm。

③离线模式：用单针缝合第二或第三道离线，再缝第一道边线，线迹端庄秀丽，缝纫强度高，离线间距为3～4mm。

④混合模式：并线与离线同时存在，线迹清晰、轮廓突出，多用于男正装鞋。

注意：①包头与中帮搭接时，边距为2mm，包头边口较厚，轮廓线条圆润丰满；②内耳式中帮口门轮廓线边距为1.5mm，重叠次数较多，外观平整、圆滑；③鞋盖压围条边距为1.5mm；围条压鞋盖，边距为1.2mm；④线道多时，第一道线边距为1mm。

总之，当材料薄软时，边距应较窄；面料厚实时，边距宽；受力大的部位，边距较宽。如包头线、鞋盖线的处理。简言之，风格清秀、素雅的边距窄，风格端庄、粗犷的边距宽。

4.4.3 合缝法

(1)普通合缝法

将两个部件粒面相对，边口对齐，距边1～1.2mm缉线一道，起止处打回针2～3针，将两部件展开，敲平，粘贴补强带（合缝法缝合撕裂强度低，需要加衬布加固，否则在展开敲平及夹包时易将针眼拉开，易产生"呲眼"现象）。此种缝法最常用于后帮内外踝，前后帮的结合，如图4-13所示。普通合缝法总的来说，可分为以下四个步骤：

①用手捏紧两部件，送入压脚，防止部件松动错位。

②距边1～1.2mm，缝一道线，起止打回针2～3针，针距10～11针/20mm，用9号针配60号线。

③缝完后内面刷水回软，竹片顺合缝楞茬刮平，锤子轻轻敲平梗。

④在合缝内面上粘贴10～12mm宽的尼龙补强带或10～15mm宽的衬布条覆盖粘贴加固（贴眉）。

(2)合缝压线法（压缝）：用来提高强度，用于缝制劳保鞋、军用鞋等，如图4-15所示。其步骤如下：

①合缝—展开敲平—内面居中粘贴衬布（宽10～12mm）—在粒面合缝线两侧各缉线一道。距中缝间距为1～1.1mm。

②合缝—展开敲平—粒面居中放置保险皮—在保险皮粒面边缘各缉线一道。

图4-13 后帮合缝

图4-14 合缝内面粘贴衬布

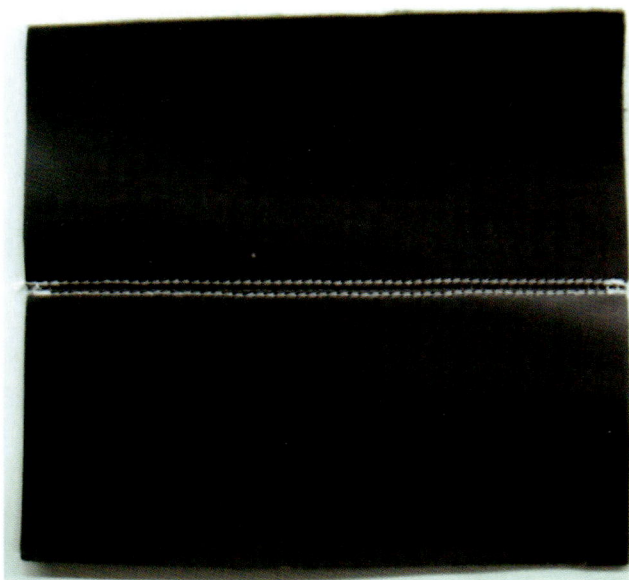

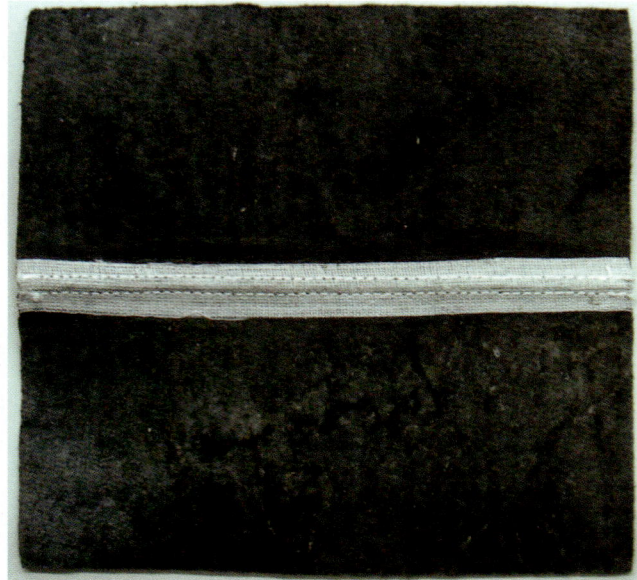

图4-15 合缝压线法正反面

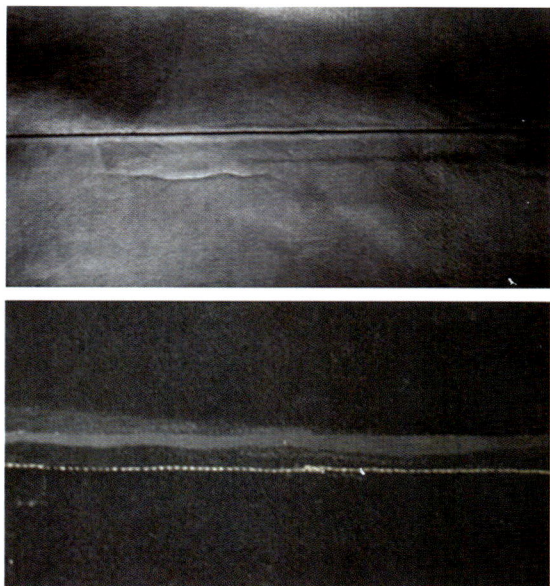

图4-16 暗线翻面缝法正反面

图4-17 暗线翻里缝法正反面

图4-18 明线翻里缝正反面

4.4.4 翻缝法

翻缝法一般包括暗线翻面、暗线翻里、明线翻里缝法。

(1)暗线翻面

部件表面不露缝线，表面光滑美观，如图4-16所示，用于围条与鞋盖的缝合。

①围盖为被压部件时，边缘片边留厚；围条为上压件时，边缘片折边。

②围条的部件边沿加4mm，盖的部件加2mm后再加7mm的内搭量，围条件边沿和围盖的内搭线对齐，距边沿2mm处缉线一道。

③内面距缝线处刷胶，晾干，或粘贴5mm长的不干胶。

④将围条向外翻折、展开、黏合、敲平，在围条拐弯处打剪口，否则不平。要求边口线将缝线盖住，折回量均匀一致；不露针脚。

注意：起止处打回针针距10～11针/20mm，9号针配60号线。

(2)暗线翻里缝法

面和里反拥，可以夹海绵或回力胶，也可不夹。男鞋后帮上口或棉鞋后帮上口通常采用此工艺(图4-17)。

①面部件加放5mm的折边量，里部件放3～4mm的折变量；后帮上口需要片折边，里皮为一刀光。而填充海绵时，翻折折边量4mm宽，填充海绵使鞋口饱满，不漏空且平服。

②若需要加衬海绵，里皮不要片边，保证有足够的强度，帮面应超出里边1.2～2mm，然后合缝；若有平整顺滑的上口时，需要缩减后帮上口，里皮要片边，此时里皮超出帮面边缘1.2～2mm。

③缝纫时，注意将鞋里部件边缘牵引拉长一点，在缝纫过程中将里向后牵引，而面部件向前推送，利于翻转折边均匀平服，并使帮面折边轮廓线高于鞋里缝合边口1mm，里层平整且不出褶皱。

④后帮鞋口折边刷胶水或者粘贴0.5mm宽的双面不干胶，按事先折边痕迹折边，凹弧处打剪口，折边后敲平粘牢。

⑤填充海绵后，用双面胶粘贴面与里，并按照软口压线缝线。

(3)明线翻里缝法

面部看到缝线，里部件看不见线的，大多用于缝制男正装鞋、绅士鞋。其特点是底线不易摩擦，后帮上口边缘光滑整齐(图4-18)。

①后帮鞋里上口边缘粒面上，距边口线3.5mm处画一道标志线。

②面和里正面朝上，面在上，里在下，面上口边缘压盖鞋里标志线，在面部折边轮廓线和边缝线。

③在缝线内面处刷胶，凹弧处打剪口，深度2.5mm，帮里朝里折回，黏合在帮面的内面处，帮里比帮面低1mm左右，折边敲平。

高等职业教育艺术设计类专业实践教材

4.4.5 拼缝法

两个部件边缘并齐后使用摆针缝纫机沿轮廓线对缝处平整无楞,缝合处撕裂强度低。多用于棉鞋里部件的缝合,以免鞋里太厚,帮面不平,也常用于运动鞋、休闲鞋、军用鞋的后缝。

拼缝:将内、外踝后帮边缘对齐,使用拼缝机沿后弧线拼缝,打回针2～3针,使用40号针,40号线,针距5针/10mm,线宽5mm(摆动缝线的宽度),如图4-10a所示。

4.4.6 滚口与包边缝法

(1)细滚口

滚口皮将鞋帮上口毛糙的边缘包裹住,边缘光滑、丰满、圆润,如图4-19所示。

①帮面部件边缘为一刀光,滚口条宽度为10～12mm。

②缝滚口:帮面与沿口皮粒面相对,上口边缘对齐,沿口皮在上,帮面在下,距沿口皮上口边缘(女鞋0.8～1mm,男鞋1.2～1.5mm)缝线一道;通常9号针配用60号线,女鞋针码10～11针/20mm,男鞋针码11～12针/20mm。

③在沿口皮和帮面内面接近边口处刷胶,晾干。

④沿口皮向内折回(凹弧打剪口、凸弧打褶),黏合,捏紧。捏的时候注意使滚口的宽度和均匀度保持一致,宽度一般为1～1.5mm。

⑤粘贴鞋里,采用双面胶或胶粘剂,鞋里上口与帮面上口相平齐,将滚口条多余部分夹在面里(或者先粘贴鞋里,然后再折滚口,将面、里包住)。

⑥沿滚口条边缘处缉线一道,沿缝线的边缘冲去多余的鞋里。

注意:

①缝滚口时对滚口条的牵引力要做到外圆放松、内弧拉紧、直边均匀,否则会出现外圆不平、内凹起皱、直边粗细不一等现象。

②缝线边距要一致。车线时,拐弯处不要剪断,首先钉住一针,再拐弯,然后继续车线。

(2)包边

首先根据包口的宽度(男鞋5～6mm,女鞋4～5mm)在帮面上画标志线。接下来将帮里内面相对,边口刷胶对齐黏合,在帮、里正面及沿口条内面刷胶待干后,将沿口条包住面里,并黏合。注意沿画线先粘帮面,再将滚口向内折回包紧,黏合在里部,也可不要一起包住鞋里。最后沿沿口下边缘1.2mm处缉线一道,固定住面里及滚口,如图4-20所示。

(3)粗滚

先将帮面与沿口皮正面相对,使滚口条上口与帮面画线边缘对齐,沿口皮在上,帮面在下,距滚口条上口边缘1mm处缝线一道。接下来在沿口皮和帮面粒面及内面接近边口处刷胶、晾干,再将沿口皮向内折回,黏合、敲平,然后放入鞋里,使鞋里上口与帮面上口相平齐,再沿滚口条下口边缘1mm处缉线一道,将面与里缝合在一起,接着沿缝线的边缘冲去多余的鞋里,如图4-21所示。

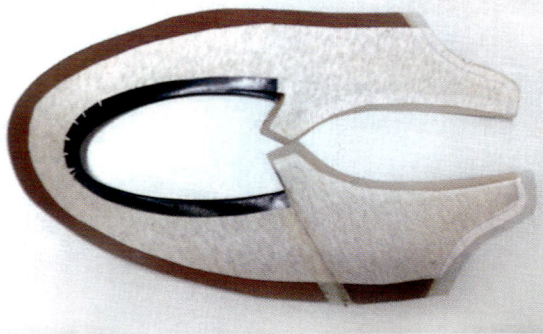

图4-19 细滚的正反面

图4-20 包边

图4-21 粗滚

4.4.7　嵌线缝法（嵌边缝法）

嵌线缝法类似于合缝，如图4-22所示。操作步骤如下：

①嵌线皮宽窄、厚薄要一致，嵌线皮置于部件边口以下，根据质量要求外露一定宽度（1mm左右），然后从左向右开始粘贴，左手的食指和中指在部件边缘将嵌线皮压实粘牢，右手拉嵌线皮，左手边移动边按压粘贴，使宽度保持一致。

②粘贴嵌线皮至凹弧时，在嵌线皮上打剪口并顺着弯度将剪口拉开。粘贴嵌线皮至凸弧时为避免形成梗楞，用剪刀将嵌线皮边口剪成三角形缺口，然后顺着秃弧形状将三角形缺口并拢，缺口不能过深，也不能过浅。

③粘贴嵌线皮凸弧时略微放松嵌线皮，以免外翻。而遇凹弧时应适当收紧，避免嵌线皮卷口不平服和线条不光滑、不顺畅。

注意：部件边口要片边，要比片折边薄。缝线边距不宜过宽，否则边缘容易翻起。嵌线缝合时用60号线9号针，女鞋针码10～11针/20mm；男鞋针码9～10针/mm，第一道缝线边距为0.6～0.8mm。

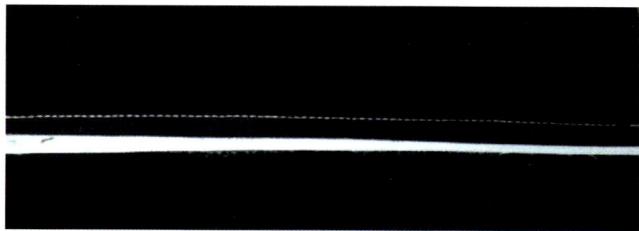

图4-22　嵌线缝正反面

4.4.8　并缝线

并缝线是指与第一道线平行，相距一定的距离（女鞋0.6～0.8mm或男鞋1～1.2mm）再缝一道或几道缉线的操作方法方法（图4-23）。

作用：提高缝合强度（尤其是棉鞋）。可以克服单调感，增加美感。

在缝第二道线时，最好与第一道线针孔位置错开一点成交叉排列为宜，如图4-23所示。休闲鞋多为并缝线。

图4-23　并缝线

5 帮部件的加工整形

本章通过四个有代表性的实例来讲解制帮流程，包括女单鞋、女靴、男单鞋与女休闲鞋。每款实例中重点讲解了缝帮流程及主要注意事项，学生要反复练习，举一反三，才能融会贯通。

5.1 女浅口鞋帮面的装配规范流程

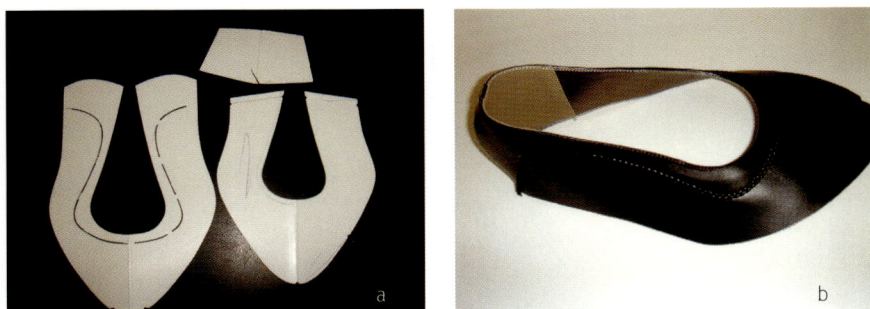

图5-1 浅口鞋样板及鞋包图

5.1.1 划料

抗拉方向如图5-2的箭头指向所示，要与楦头纵向一致，防止鞋包拉长。注意划出折边线、假线，并打出中间点剪口。

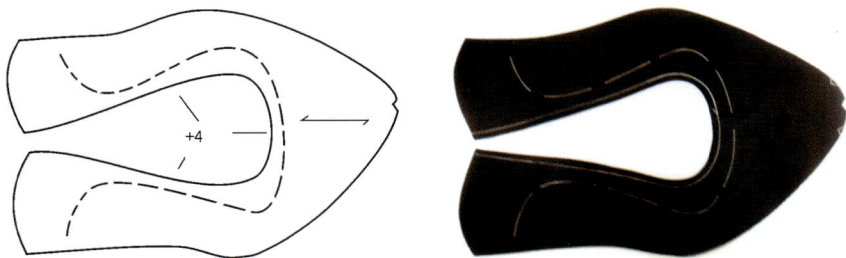

图5-2 浅口鞋部件抗拉及划料图

5.1.2 批皮

沿鞋口一圈削薄，使其容易折边，参数要求参照第二章相关数据。

图5-3 浅口鞋部件批皮后图

5.1.3 折边

①沿鞋口批皮位置刷胶，注意宽度比批皮位置宽1～2mm。

②待胶水晾干后，在批皮宽度中间位置粘贴抗拉性能强的保险条，如图5-4a所示。

③沿折边线折边，技术要求参照第三章相关内容。注意后跟位置不要粘死，应翻开一段，等后跟合缝后再折边，保证线条的统一、流畅，如图5-4b所示。

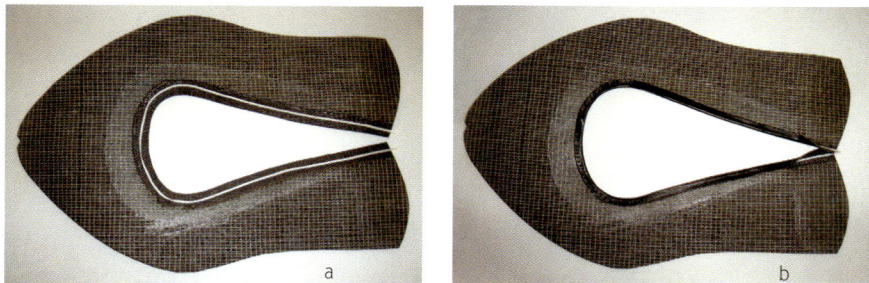

图5-4 浅口鞋部件折边图

5.1.4 缝合

①后跟合缝，并将鞋口后弧线处翻起的折边皮敲平整，后跟处用榔头敲平缝楞，注意砸出后跟弧度；刷胶并晾干后粘贴保险带并敲平整。并车假线，沿假线标志线车线，注意针距要稍微宽些，为3mm宽/针，如图5-5所示。

②缝合里皮：后跟里皮分两块，前口按照压茬线搭接并缝合，如图5-6所示。

③粘贴衬布：在包头处及鞋口凹弧打剪口处粘贴衬布，增强定型效果及增加强度，如图5-7所示。

④在面皮内面和里批内面的鞋口一圈位置刷胶并晾干后，粘贴面皮和里皮，如图5-8所示，注意里皮上口高出面皮4～5mm。

⑤沿鞋口一圈距边缘1～1.5mm处车一道线，注意起针位置在鞋帮内踝，以免影响外观质量，如图5-9所示。

⑥修削里皮，沿上口缝线修剪里皮，注意里皮低于面皮边缘1mm，如图5-1b所示。

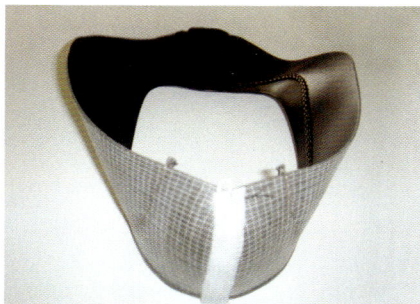

图5-5 浅口鞋后缝补强图

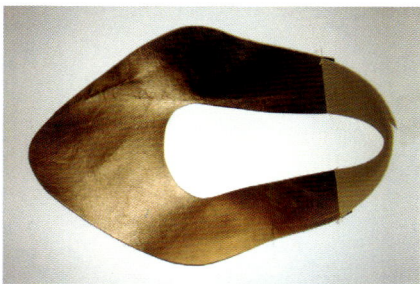

图5-6 浅口鞋里皮缝合图

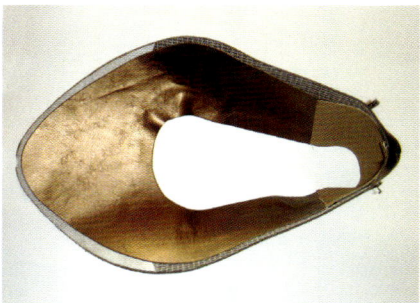

图5-7 浅口鞋粘贴衬布图

图5-8 浅口鞋粘贴里皮图

图5-9 浅口鞋未修理皮鞋帮缝合图

053

5.2 统帮拉链式女靴面的装配规范流程

5.2.1 帮部件的抗拉方向及加放工艺量

图5-10中的"三角"是指鞋子的内侧标志。

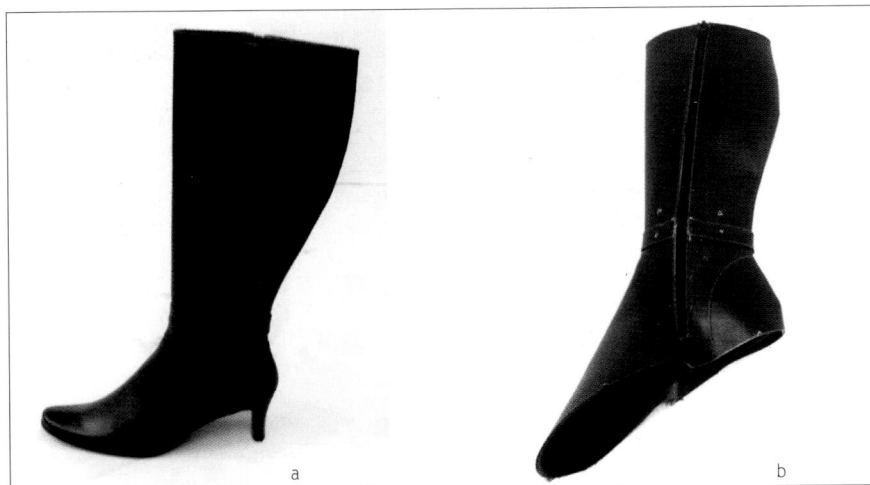

图5-10 女靴及靴帮图

5.2.2 片边

加放工艺量处需要进行片削处理，片削参数参照第二章相关数据。

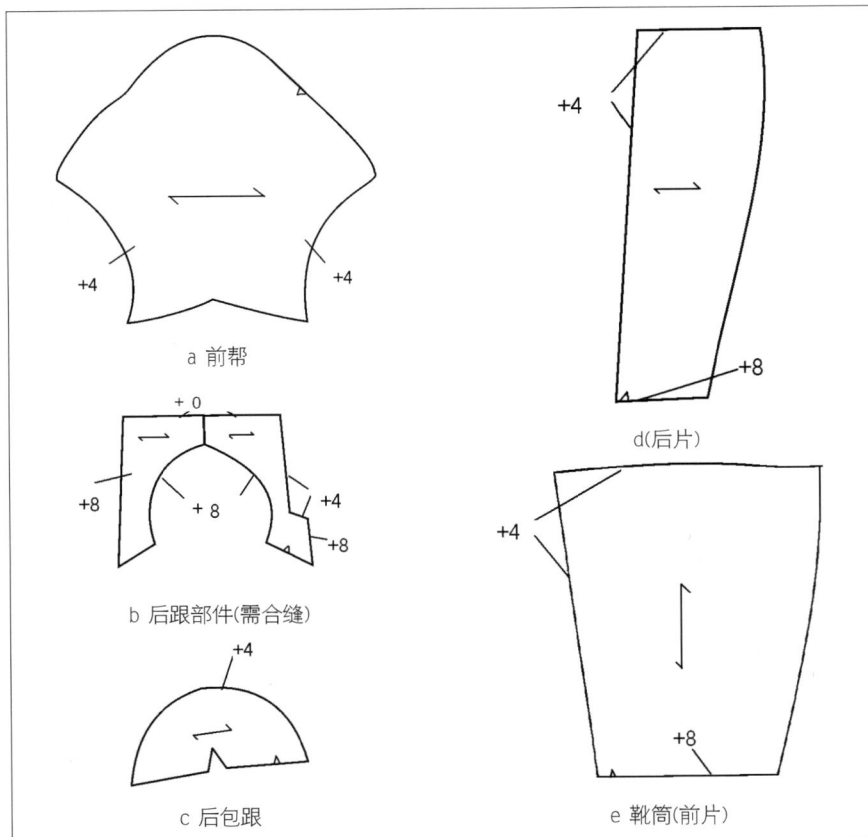

图5-11 女靴部件抗拉及工艺加放示意图

图5-12　女靴部件批皮图

5.2.3　折边

如图5-11所示，片边刷胶后对需要折+4工艺量的部件进行折边，注意：前帮不加保险条(因为前帮材料为弹力革，缝帮过程需要对其拉伸，如加保险条，会拉不动，造成部件边缘长度不够)；其他部件尤其拉链处必须加保险条，以保证两侧拉链长度一致。

注意：

①后跟两片需要先合缝，而不需要折边；

②前帮只折外踝一侧，内踝先不折；

③绊带两侧折边，不需要加保险条，注意线条的流畅性。

另外，根据材料的厚薄不同，对+8的部位及合缝部位也要进行适当的片削。

5.2.4　缝帮

为了保障缝合后的鞋帮线条光滑流畅，很多部件的折边需要和缝合步骤结合来制作，现将此款鞋的详细缝合过程用图例形式来表示。

步骤1：靴筒两片合缝，并敲平缝楞。

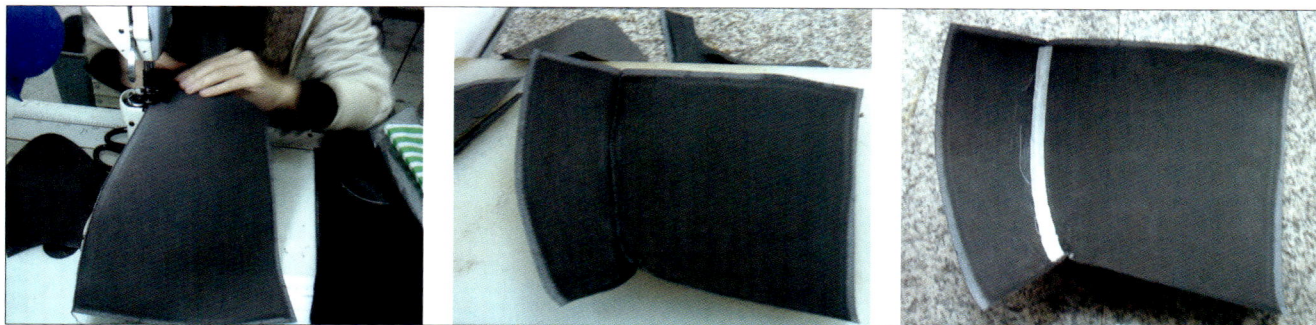

图5-13　女靴合缝图

055

步骤2：

①部件与后跟内外踝两片（已合缝）搭接并缝合，并在合缝处加压条布，以保证合缝后的弧度美观及合缝处的强度，防止"龇眼"。在需要折边部位加保险条，保证线条的饱满性及抗拉伸性能，如图5-14a所示。

②统一折边，从一侧拉链处向后帮上口再向另一侧拉链处折边，要保证一次性折完，这样才能保障线条的统一、流畅，而不会出现部件搭接部位毛茬外露及部件的厚薄不一现象，如图5-14b所示。

③搭缝后包跟（后跟裂开处已合缝并加压条布补强），如图5-14c所示。

④跷缝前帮，因为此部位存在着很大的跷度，并且选用的材料为弹性较大的弹力革，因此缝合时要把拉伸边沿内搭线缝合会存在一定的难度，因此要使缝合后的两边部件长度一致，如图5-14c所示。

图5-14　女靴帮面缝合图

步骤3：

①缝合里皮，靴筒的缝合用合缝以及拼缝皆可，而前帮里皮的缝合需要用拼缝（因为此处材料为毛里，比较厚，而且此部位跷度及弧度较大，因此需要拼缝，以保证里皮部件缝合后平整），如图5-15a所示。

②上拉链，首先使帮面与拉链缝合，注意两侧拉链要严格按照标志点对正，不能出现两侧长短不一、双面胶粘贴在拉链反面的拉链布上等现象。注意黏合拉链时要左右对正，面边缘轻轻靠近牙齿，不能太紧，否则会出现穿鞋时拉不动这一现象；也不能太松，否则会影响美观及靴筒宽度，注意要宽窄一致。然后在拉链两侧的部件边缘内缝线，即边距1mm处、拉链头处回车，将拉链上端多余部分粘贴平整在鞋面内面，然后粘贴里皮。

③缝合拉链及里皮，粘贴里皮。注意里皮不能全部贴死、跷贴，刷胶要在上口和拉链两侧及鼻梁前端位置进行，如图5-15b所示。

④缝平行线，固定里皮。注意和鞋帮上口车一道线，且一次性车完，不能断线（也就是从拉链一侧经筒口车向拉链另一侧，注意不能将下口搭接处缝合死，否则无法上拉链头）。接着修理里皮，修理要彻底，尤其是拉链处，否则拉链不易开合。

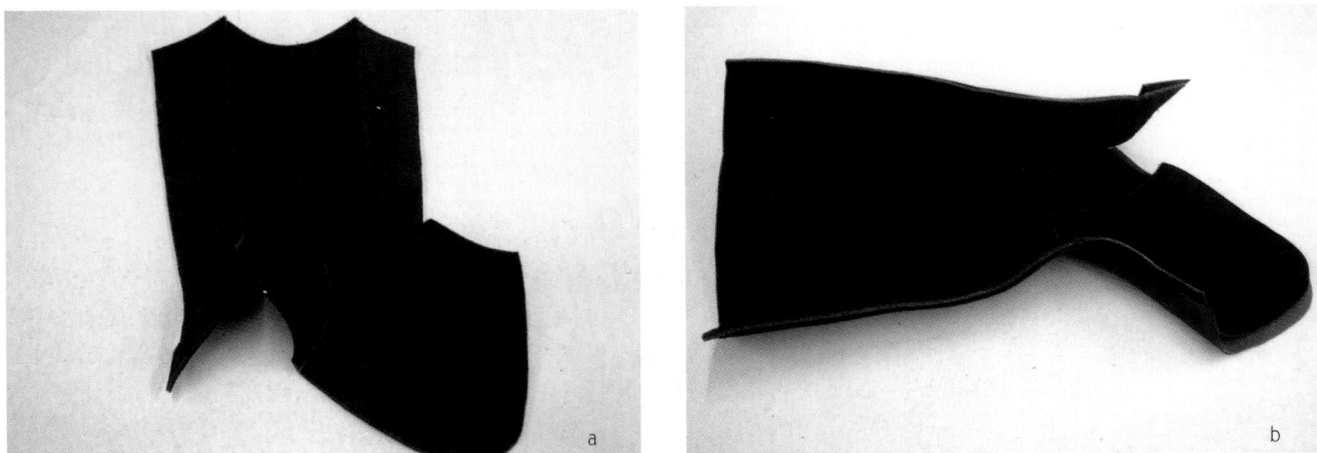

图5-15　女靴里皮缝合图

步骤4：

①上拉链头，尖端朝上，注意拉链两侧左右对正，否则拉链会扭曲或者筒口拉链处高低不平，如图5-16a所示。

②合帮套，缝合拉链下端搭地处，如图5-16b所示。注意缝合时帮套放在缝纫机上的合适位置，使缝纫机压脚刚好压住帮套，搭地为止，接下来进行蹺缝。

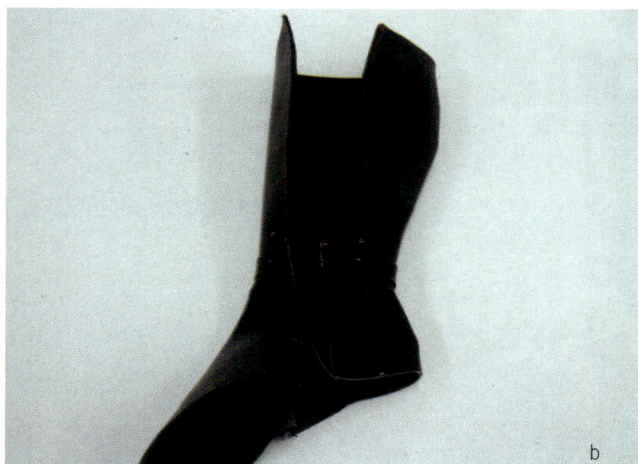

图5-16 女靴上拉链图

步骤5：

检验帮套，可分为以下四步：

①检查有无水银线痕迹、胶渍、污渍，可用水溶清洁剂清除；

②检查有无残余线头，可用吹线机或打火机烘烤线头；

③检查里皮是否修整彻底，有无剪破现象；

④检查帮套结构有无缺陷，如帮套是否端正，部件搭接处是否平齐，拉链两侧是否对称，拉链头处有无破损，拉链头有无高出帮面等现象。

5.3 男内耳式精品鞋鞋帮装配规范流程

5.3.1 裁断

划料时严格按照部件的抗拉方向且在排料紧凑的前提下进行操作，如图5-17所示。

图5-17

高等职业教育艺术设计类专业实践教材

5.3.2 做帮

①片边，鞋口及口舌边缘若为毛边，毛边及压茬部位均要进行片边。处理真皮材料的片边时，要防止边缘外翻，如图5-18所示。

图5-18 帮部件划料图

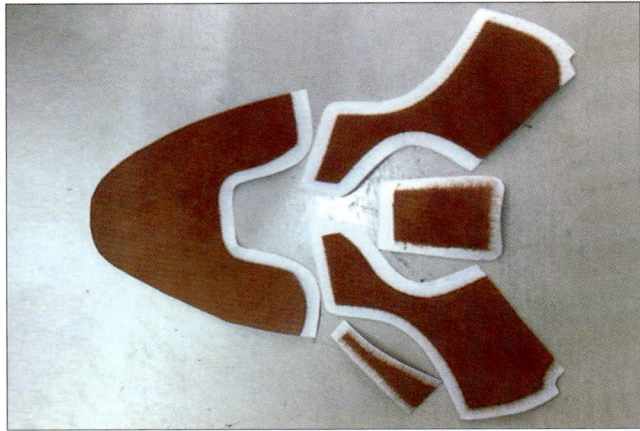

图5-19 帮部件片边反面

②粘贴衬布，若为真皮材料，为了增加材料的强度及成鞋的挺括性，一般需要在面料反面粘贴衬布。如图5-20所示，为衬布部件及前帮面料粘贴衬布图。

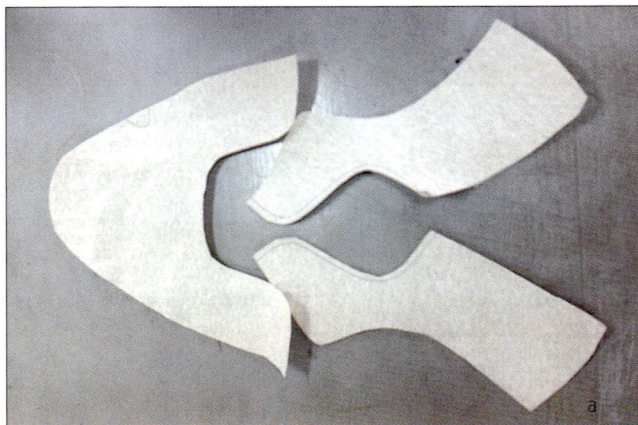

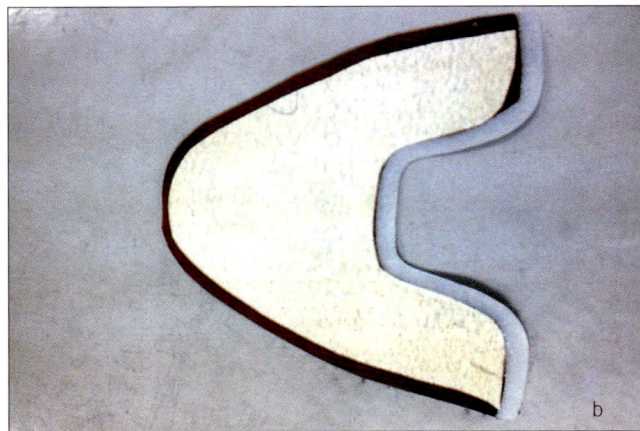

图5-20 帮面衬布及前帮粘贴衬布

5.3.3 缝帮

①按照图5-21所示的先后顺序缝合鞋帮，先拼缝后帮内外踝，如图5-21a所示，并缝前后帮假线，如图5-21b与5-21c所示。

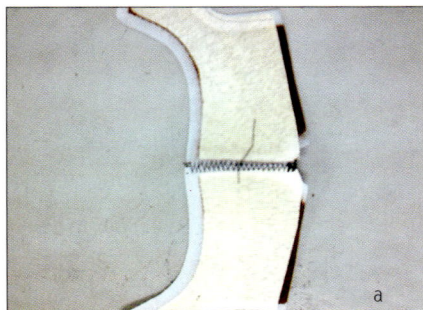

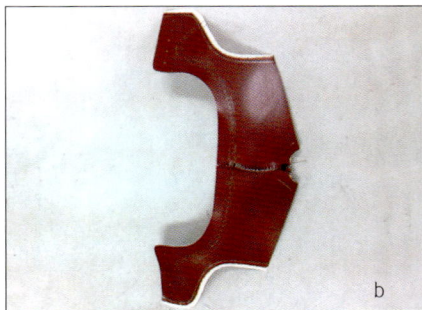

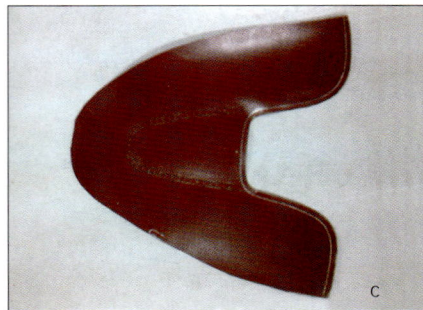

图5-21 后帮缝合并缝假线

②然后车后跟保险皮,对真皮材料的后帮鞋口毛边染色,目的是防止白茬外露,并能增加美感(图5-22)。

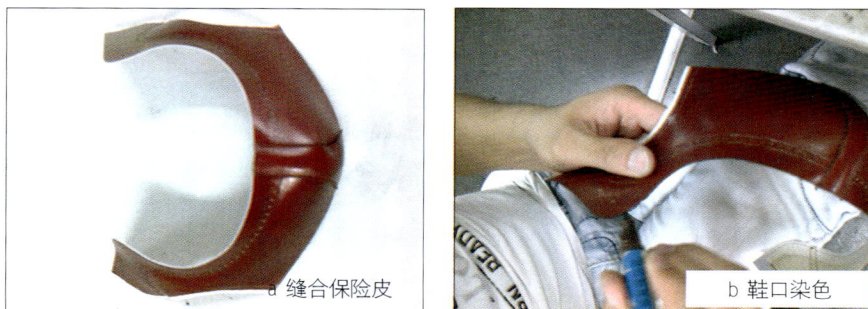

a 缝合保险皮

b 鞋口染色

图5-22

③将后帮鞋口内面染色(图5-23)。

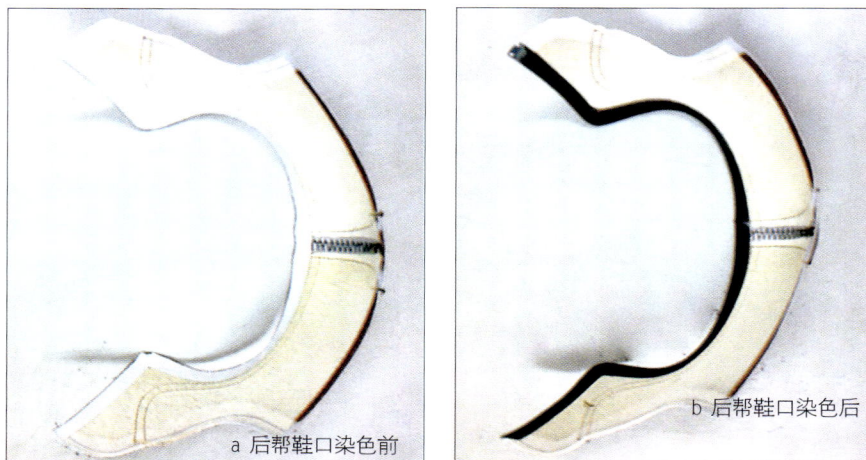

a 后帮鞋口染色前

b 后帮鞋口染色后

图5-23

④缝合前后帮面,采用压茬缝法,前帮压后帮。如图5-24所示为缝合帮面的正反面,反面的白色处为衬布。

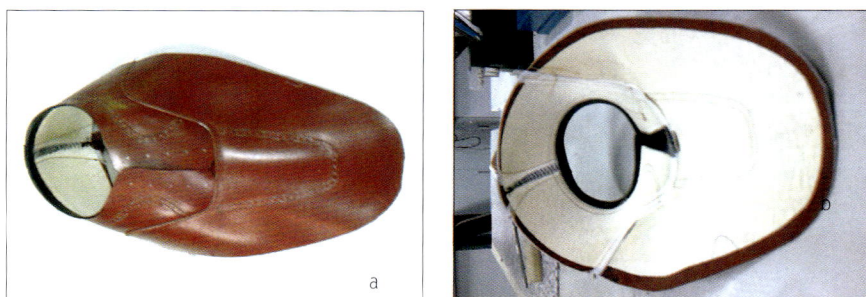

a

图5-24 前后帮缝合图

⑤缝合里皮,均采用压茬缝法(图5-25)。

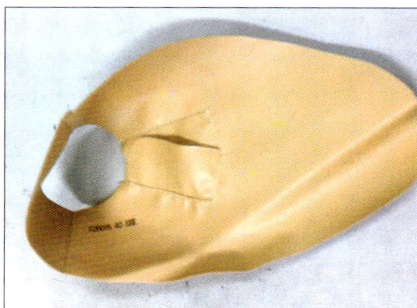

图5-25 里皮缝合图

高等职业教育艺术设计类专业实践教材

⑥打鞋眼，注意鞋眼为反鞋眼，即鞋眼不外露(图5-26)。

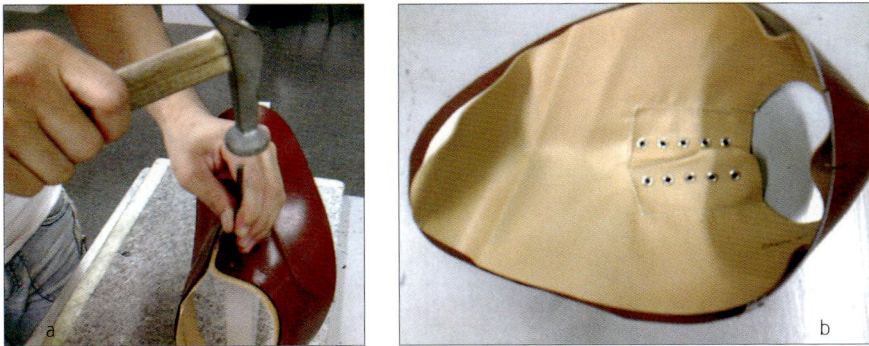

图5-26 打鞋眼

⑦缝合面里，如图5-27a所示；并修剪里皮，如图5-27b所示。

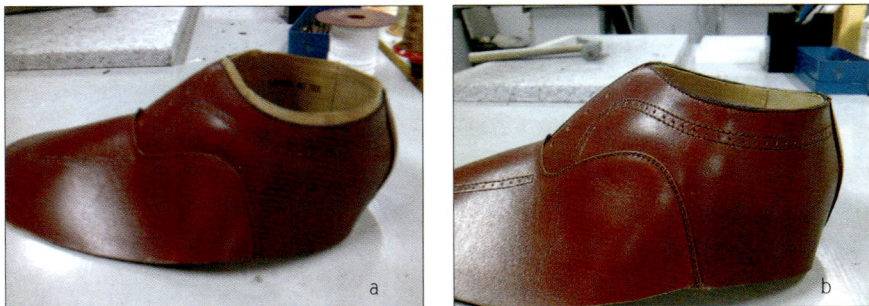

图5-27 修剪里皮前后

⑧上口舌，注意口舌白边部位也要染色，如图5-28a所示。同时粘贴口舌里皮时要翘贴，如图5-28b所示。缝合口舌并修里皮，如图5-28c所示，最终效果如图5-28d所示。

⑨钉口舌，按照标志线将口舌钉上，完成帮套。如图5-29所示为完整帮套的反面。

图5-28 口舌缝合流程

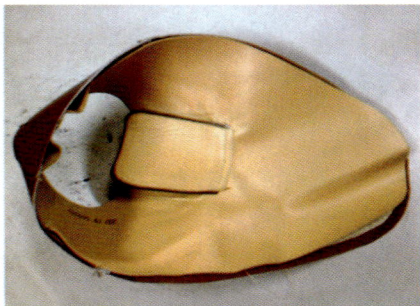

图5-29 完整帮套

5-30　女休闲鞋

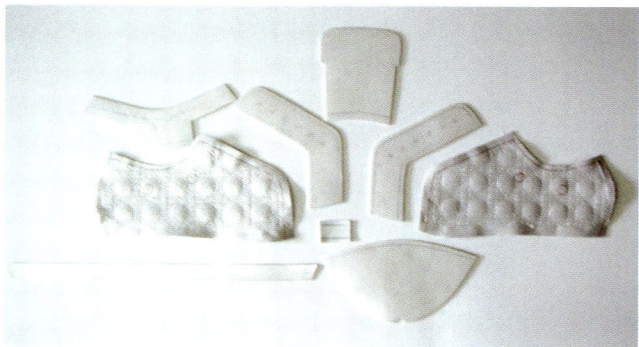

图5-31a　帮部件

5-31b　里部件

图5-32　部件片边

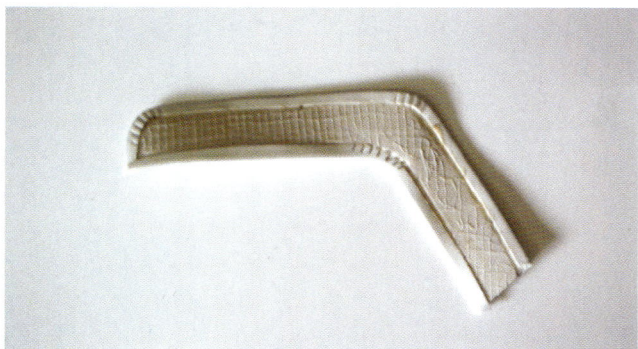

图5-33　部件折边

5.4　女式休闲鞋鞋帮装配规范流程

5.4.1　裁断

划料时要严格按照部件的纵向拉不动的抗拉方向且在排料紧凑的前提下进行操作，如图5-31a所示为帮部件裁断后的部件图；图5-31b所示为里部件裁断后的部件图。

5.4.2　做帮

（1）片边

按照工艺要求对部件边缘片削，加工方法参考图图5-11。如图5-32所示，放余量加4的片折边，放余量加8的片搭边，鞋口需要翻缝的片修边。

（2）折边

加工方法参考图5-11。放余量加4的需要折边，折边前要刷汽油胶，待指触胶水达到干状态时，用锤子沿部件标志线将边缘折回敲平。除了包头边缘要折边外，还包括鞋耳片，如图5-33所示。注意凹弧处要事先打剪口，剪口深度及宽度要分散均匀，凸弧处要打褶皱，褶皱要细、密且要均匀，如图5-33所示。

061

5.4.3 里皮缝合

口舌与前帮里采用搭接缝法缝合(图5-34a)，后帮鞋里采用合缝法将内外踝缝合(图5-34b)。

图5-34a 前帮里部缝合

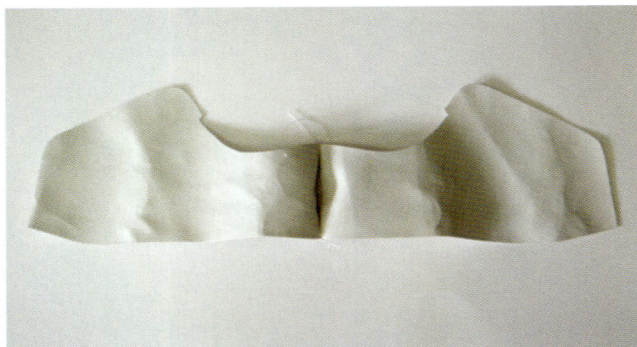

图5-34b 后帮里部缝合

5.4.4 帮面缝合

缝合顺序为前帮面与里皮缝合，后帮面也与里皮缝合，最后前帮与后帮缝合。

(1)前帮面部件缝合

首先如图5-35a中将前中帮压茬处粘贴补强衬布，因为此处经过片削后强度降低，为了防止机器绷帮时受力过大而绷裂，所以粘贴衬布时要增加强度。同时与包头搭接位置的厚度要比没有经过片边而搭接的厚度薄些，此时搭接位置的厚度和强度都能满足成鞋要求。接下来前中帮与包头搭接缝合，如图5-35b所示。然后将图5-35b中所示部件与口舌搭接缝合，如图5-35c所示。前帮面缝合好的效果图如图5-35d所示。

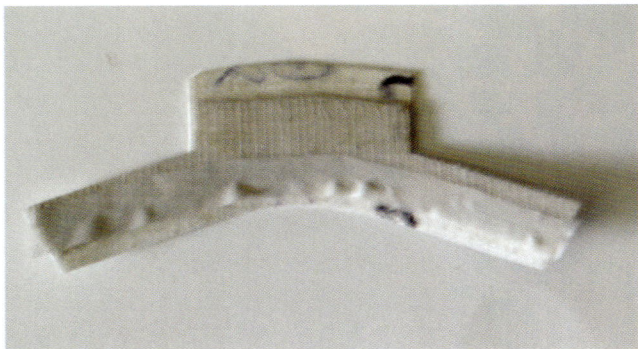

图 5-35a 前中帮粘贴衬布

图5-35b 前中帮与包头缝合

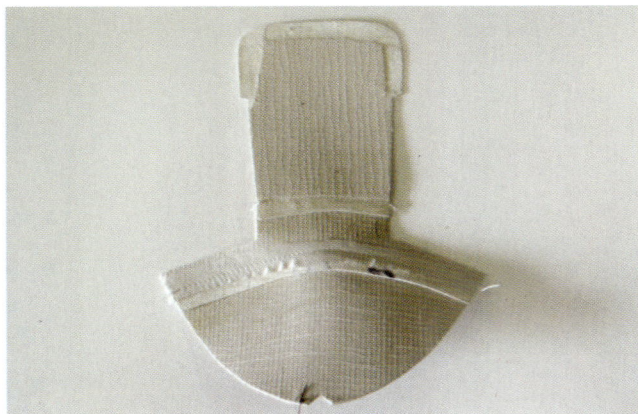

图5-35c 缝合口舌

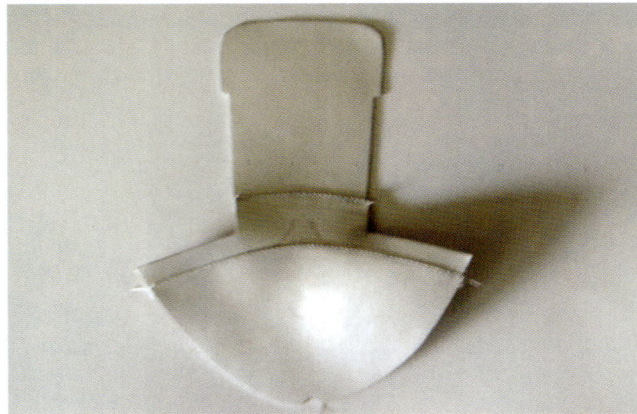

图5-35d 前帮面

(2) 前帮面部与里部缝合

前帮口舌处与里皮采用翻缝法，方法是将口舌边缘处面与里正面相对缝合，在口舌缝线处刷胶，晾干后，将口舌边缘面、里一起向帮面内面方向折边，如图5-36a所示，其目的是为了保证翻缝后里皮比面部低，不会外露。　接下来在口舌处刷胶后粘贴海绵，如图5-36b所示。然后将里皮翻回，包住海绵，如图5-36c所示，再将口舌边缘用锤子敲平。前帮制作效果如图5-36d所示。

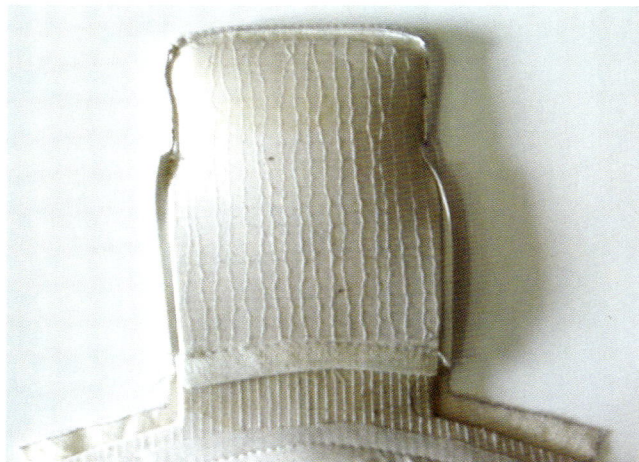
图5-36a　口舌反折

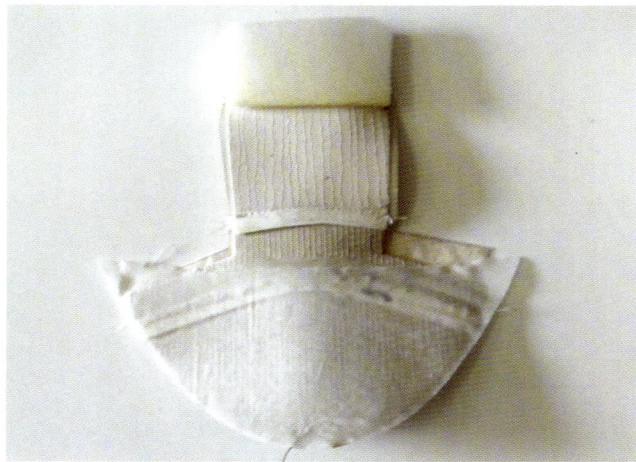
图5-36b　粘贴海绵

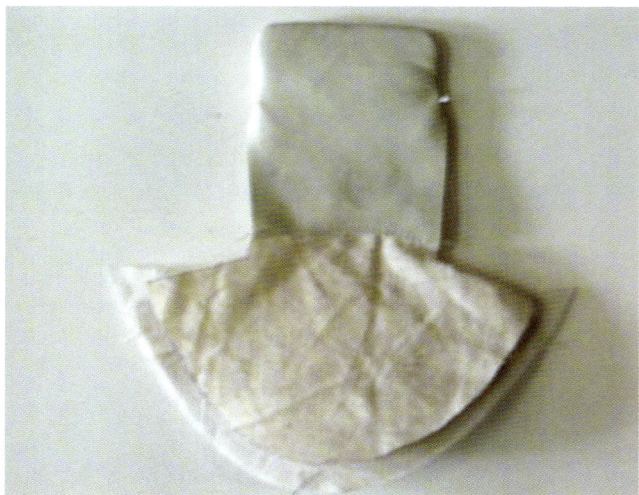
图5-36c　前帮反面

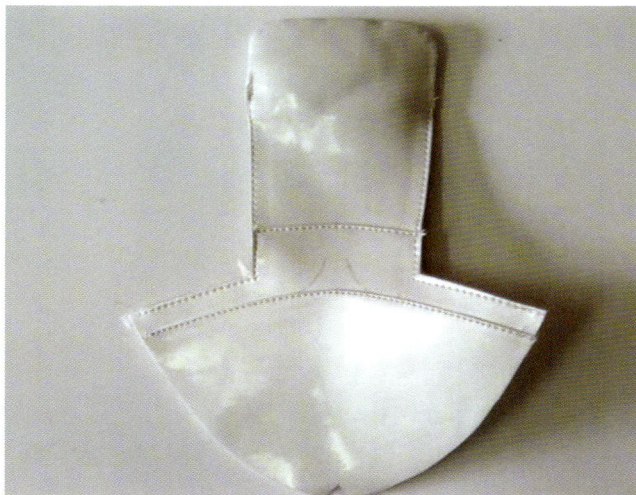
图5-36d　前帮正面

(3) 后帮面部件缝合

首先将装饰鞋眼按照定针点装订好，如图5-37a所示，然后将后帮内外踝两片合缝，并加补强带补强，如图5-37b所示。

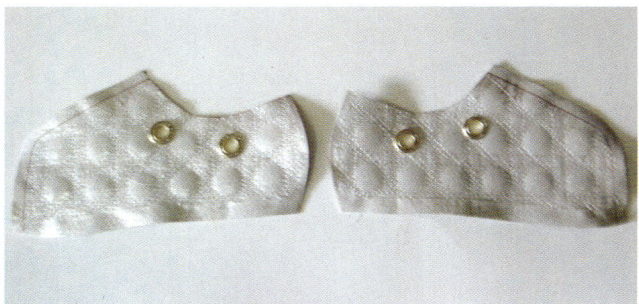
图5-37a　装订鞋眼

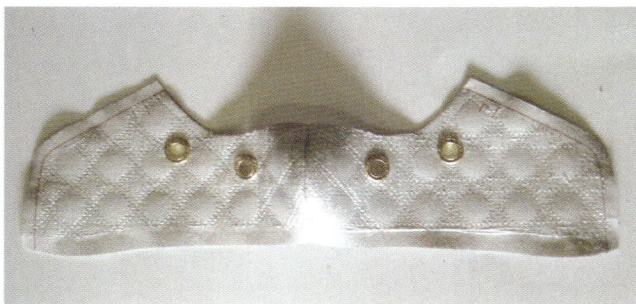
图5-37b　后帮合缝

(4) 后帮面部与里部缝合

首先将后帮部件按照鞋眼孔将装饰条穿好，将装饰扣缝合好，如图 5-38a所示；然后将两侧鞋耳搭接缝好，如图5-38b所示；然后将后帮面部与里皮翻缝，正面相对，边口对齐后缝合，如图5-38c所示；然后将鞋口边缘超帮面内面反折，如图5-38d所示，并在鞋口及海绵上刷胶，晾干后粘贴海绵条，如图5-38e所示。接下来将里皮向帮面内面反折，包裹住海绵，注意里皮边缘比帮面边缘低1mm左右，不能超出帮面，如图5-38f所示，后帮帮面效果如图5-38g所示，最后将超出鞋耳的里皮冲掉。

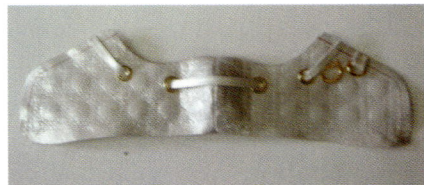

图5-38a 后帮面装饰

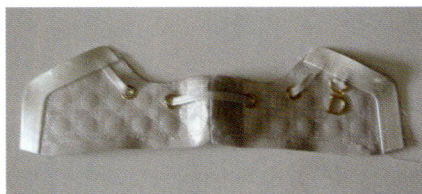

图5-38b 搭接鞋耳

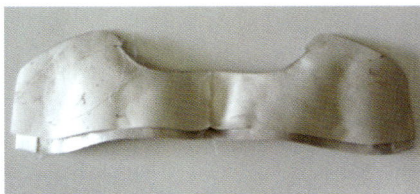

图5-38c 面与里缝合

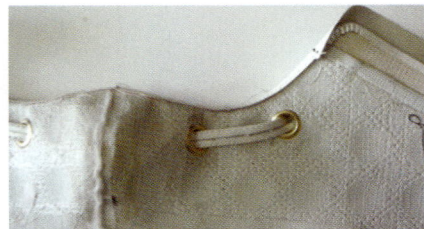

图5-38d 鞋口反折

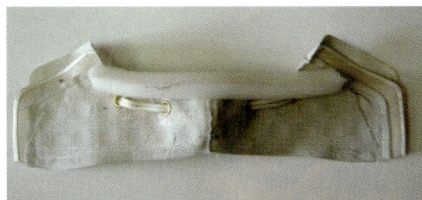

图5-38e 粘海绵口

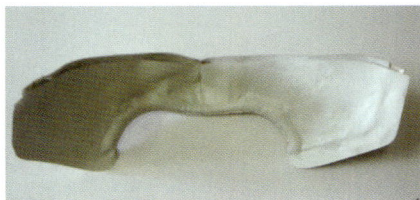

图5-38f 粘贴里皮

图5-38g 后帮

(5) 前帮与后帮搭接，缝合完整帮套

前后帮按照搭接标志线搭接，缝合。注意里皮要粘贴平整，鞋耳在锁口位置剪开，使前后帮里皮搭接平整，最后打锁口，按照标志线缝合锁眼，一般锁眼长2~3针距，宽1针距。

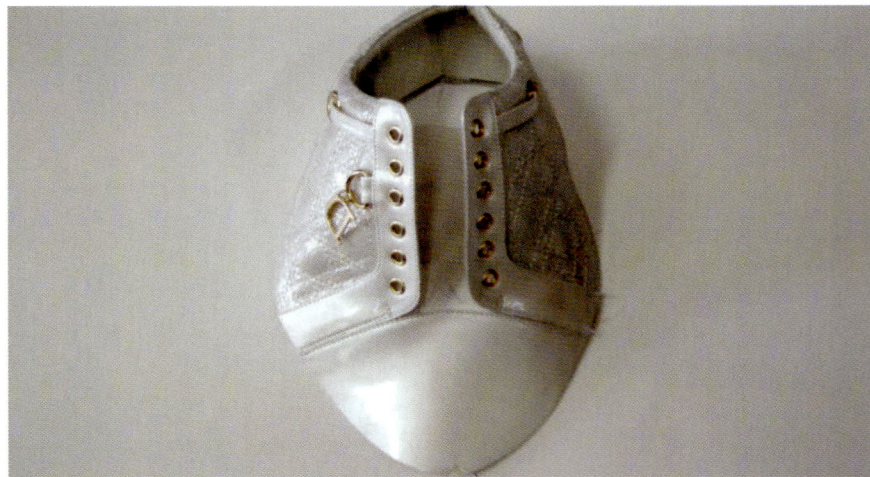

图5-39 休闲鞋鞋帮

第三单元
鞋底

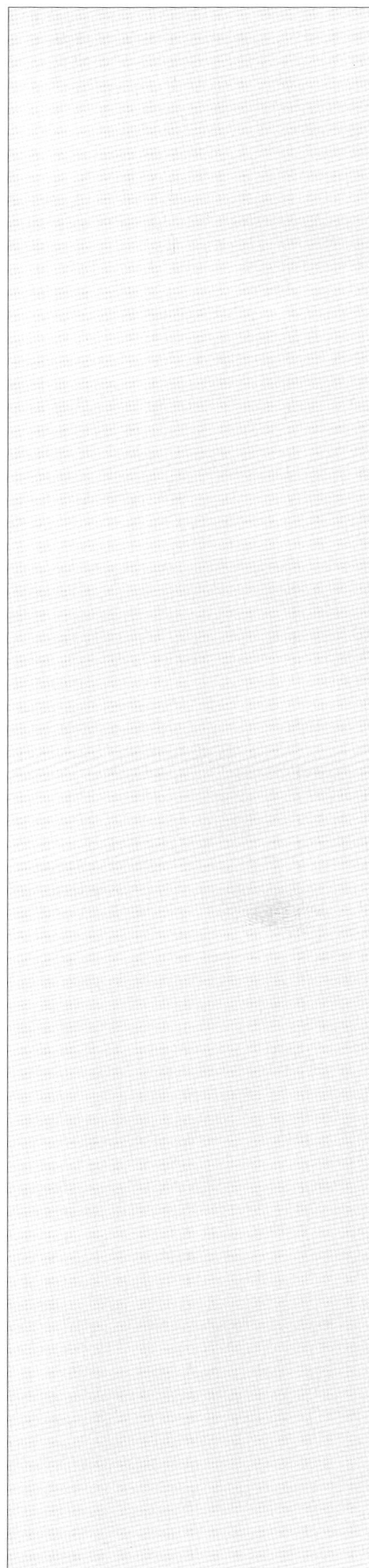

高等职业教育艺术设计类专业实践教材

6 底部件工艺简介

　　本章元主要讲解了外底、中底及其他鞋底部件的基本知识点，重点讲解了中底的制作技巧，学生学习该单元时简单了解相关内容即可，对于制鞋企业，本单元技能不作为工作技能。

6.1 外底工艺

　　用于鞋靴底部的材料称为底料。鞋底部件包括内底、半内底、勾心、外底、沿条、鞋跟、鞋垫和跟面。

　　鞋底按照结构分类可分为成型底和组合底。

6.1.1 成型底

　　鞋大底与鞋跟连成一体，加工时一次成型的鞋底，如图6-1所示。

　　成型底按材质分类可以分为：

　　①成型橡胶底：硫化橡胶成型底，即带有鞋跟的成型橡胶底，可以有多种颜色，如图6-2所示。

　　②塑料底用聚氯乙烯(PVC)为主要成分，经注塑成型的外底，具有很好的耐油性、绝缘性、耐磨性和防滑性，如图6-3所示。

　　③橡塑成型底，橡胶与塑料的混合材料，如TPS、TPR、EVA底等，如图6-4所示。

　　④聚氨酯(PU)底，特点：耐热、耐磨、防滑、耐屈挠、耐压缩和吸震性能，如图6-5所示。

图6-1　成型底

图6-2　成型橡胶底

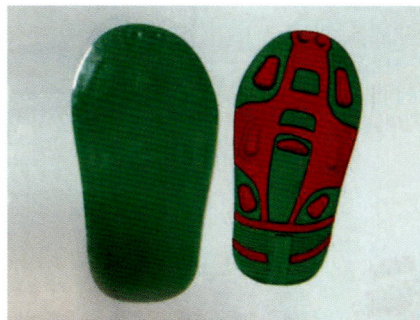

图6-3　聚氯乙烯(PVC)底

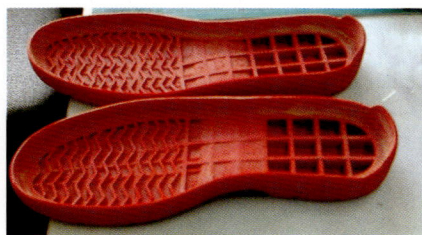

a　TPR 底

b　EVA底

图6-4　橡塑成型底

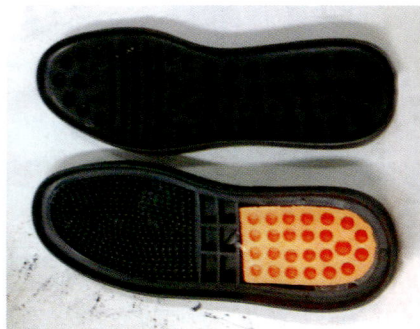

图6-5　聚氨酯底

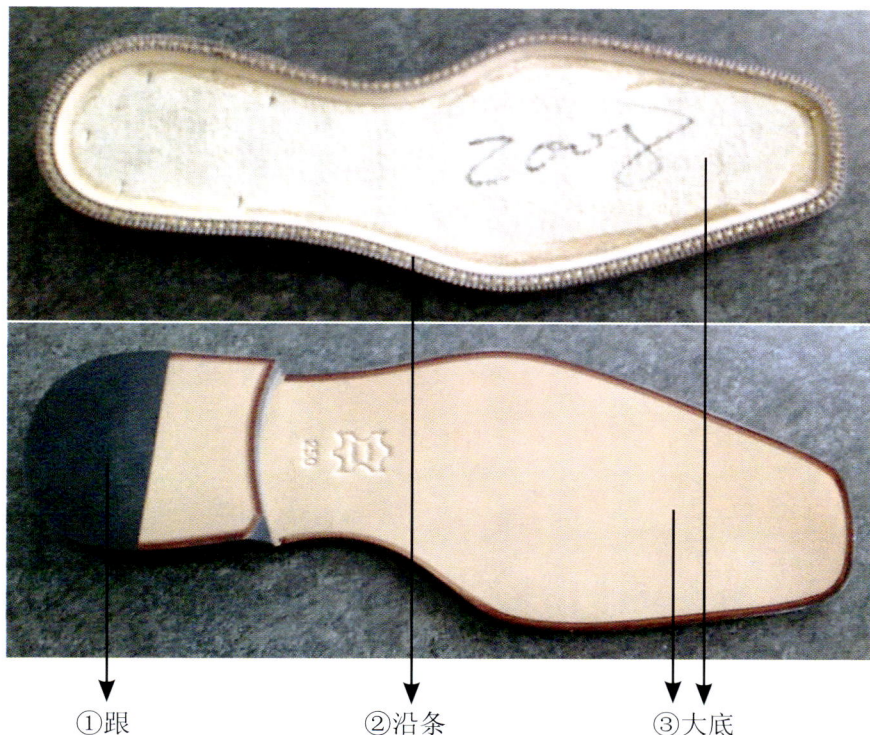

①跟　　　　　②沿条　　　　③大底

图6-6 组合底

6.1.2 组合底

鞋大底与鞋跟分开，并采用一定的工艺方法组装在一起的鞋底，称为组合底。

组合底按结构分可分为跟、沿条和大底，如图6-6所示。

组合底按外底形状分有压跟鞋外底、卷跟鞋外底和坡跟鞋外底。

①压跟鞋外底：是外底的跟部被鞋跟压住的靴鞋，如图6-7所示。压跟鞋外底又分全压跟和半压跟外底，如图6-8所示。

a.全压跟：外底形状完整；

b.半压跟：外底形状不完整。

②卷跟鞋外底：外底在鞋跟跟口线处向下折回，黏合在鞋跟跟口面上的产品称之为卷跟鞋，如图6-9所示。

③坡跟鞋外底：又称厚底鞋和松糕鞋，如图6-10所示。坡跟鞋外底按结构可分为坡芯和跟面皮。

a.坡芯：微孔发泡胶片、软木；

b.跟面皮：皮、仿皮、橡胶。

图6-7 压跟鞋外底

图6-8 全压跟与半压跟

图6-9 卷跟鞋外底

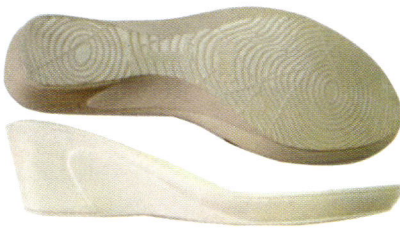

图6-10 坡跟鞋外底

高等职业教育艺术设计类专业实践教材

6.2 内底工艺

根据皮鞋式样结构的需要，内底按结构可分为满帮鞋内底、包边内底、插帮内底、凉鞋内底、沙滩内底等多种内底形式。半内底和勾心又称组合内底或中底，中底位于外底之上，鞋垫之下。

6.2.1 一般内底结构

一般采用泰克松内底，如图6-11所示，加高弹性纤维纸板的半内底，制作时需要装订勾心。一般内底材料特点要求：内底的后身部分要有刚度，要硬挺且富有弹性，前掌部分要柔韧、有弹性、耐折强度高。

（1）内底结构

内底的结构形式有以下三种：

①半内底在内底后端至腰窝上层，如图6-11所示；

②半内底黏合在全掌内底下层；

③另外在全掌上下均黏合半内底。

（2）内底规格

半内底的使用规格有下列四种：

①半内底的厚度，应根据内底厚度、鞋跟高度、鞋的类型的不同来变化。

②基本长度，半内底在上的适当缩短，在下的适当加长，上下两者相差9～12mm。

③安装，一般要和勾心铆合在一起，至于铆合位置应根据楦体的造型、鞋跟的高度适当进行变化。半内底可安装在内底之上，也可在内底之下，如图6-11所示。

④材料，包括泰克松、塑料、聚氨酯内底和软木内底和真皮材料，如图6-12a～图6-12g所示。

图6-11a 半内底在上

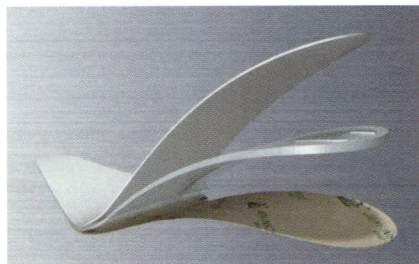

图6-11b 半内底在下

图6-12a 泰克松

图 6-12b 塑料(绿色材料)

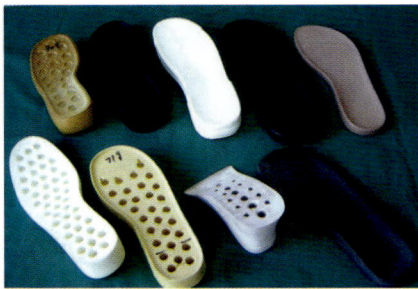

图6-12c 聚氨酯内底

图6-12d 软木内底

图6-12e 麻内底

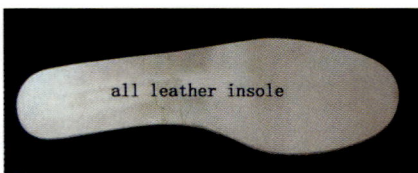

all leather insole

图6-12 f 真皮内底

图6-12g 钢中底

图6-12 各种材料的内底

图6-13 勾心

图6-14 钢勾心

图6-15 纸勾心

图6-16 塑料勾心

(3) 勾心

概念：勾心是一种固型支撑件，装置在鞋的腰窝部位，一般用于中高跟女鞋，现在高档男鞋也装勾心，如图6-13所示。

勾心的作用：

①对腰窝部位起支撑作用，减轻疲劳；

②使产品保持一定的形状，不发生变形。

勾心材质：

①钢勾心：65mm钢、45号钢，常用于民用鞋。平跟皮鞋、男正装鞋、军用鞋和防护鞋等均使用碳钢勾心；中高跟皮鞋使用富有弹性的65mm钢勾心，如图6-14所示。

②纸勾心(玻纤勾心)：材质为钢纸板或弹性纸板，常用于模压鞋、注压鞋，如图6-15所示。

③硬质塑料勾心，适用于休闲和运动便鞋，如图6-16所示。

勾心形状及其结构：

勾心形状为薄型条状呈弯带拱桥形，弯度与鞋楦腰窝底部分度相同。

勾心结构包括：①加强筋，凸筋，用以增加勾心的强度；②定位孔常固定在勾心的内底上，防止勾心移动。

按造型不同，勾心可分为以下两种：

①常规勾心：定位孔在勾心后；

②叉形勾心：定位孔在勾心前，后端为叉形结构(勾心既可滑动，又不损坏后跟部位)。

6.2.2 内底的制造工艺

制造流程：半内底片坡→砂黏合面→钢勾心预成型→半内底铆装勾心→刷胶与活化→黏合压型→内底铣削整理。

①半内底片坡：半内底前边缘需要片坡宽度一般为10~15mm，片边出口，边口厚度为0.5~1mm。

②(砂黏合面)必要时可将半内底的黏合面砂毛拉绒，使之利于胶粘剂渗透。

③钢勾心预成型整形：根据楦底面跷度的大小，用榔头锤敲成型，注意：不能捶加强筋。如有细小差别，可在内底压型时完成。

④半内底铆装勾心按分踵线摆放，后端定位孔对准踵心部位。放勾心时注意：a.勾心后端距内底后端要保持一定的距离(女鞋：14~16mm，男鞋：30~40mm)，前端距第五跖趾3~5mm，缩进半内底前端10~12mm。b.若为叉形结构，前端应该用铆钉固定，后端将分叉位置标记在内底正面，便于装跟。

⑤刷胶与活化：在半内底与内底重合处两面刷白胶，同时注意刷胶范围，然后烘干。

⑥黏合与压型。按照半内底标志线对正并黏合半内底，然后用内底压型机压合。阳模与阴模压合内底具有楦底面纵向跷度和横向弧度的内底，要求模具的跷度和弧度更大些，以抵消内底压型后的回弹性，压型后符合楦底跷度便于钉合内底。内底压型要求：为了防止勾心在绷楦后反弹和由

高等职业教育艺术设计类专业实践教材

此引起的鞋口松弛与塌陷，必须要求内底腰窝处的勾心与鞋楦腰窝的间距小于2 mm。

⑦内底铣削整理。包括对多余的边缘进行修整和对内底边缘坡度进行铣削以及倒角加工。内底边缘与楦边口平齐且互相垂直，腰窝两侧内底边缘必须削成倾斜的坡状倒角，操作时手工或机器加工均可，如图6-17所示。

图6-17a 手工修内底   图6-17b 机器修内底

图6-17 手工与机器修内底

6.2.3 包内底工艺

包内底工艺包括包面与包边内底工艺，将内底的正面全部用软革作为内底包面，只将内底边缘用条带包裹，则称为内底包边，多用于凉鞋和棉鞋产品，如图6-18所示。

图6-18 包面内底

(1) 包面内底

将内底表面用厚度小于0.8mm的羊面革或PU革面料包面，中间可加衬海绵或毛绒、泡沫塑料等弹性物，以增加穿着的舒适性。包面内底包括全包面、半包面、局部包面、贴面及混合包面等。

重点：全包面内底一般用于凉鞋，用鞋面革统包，成品鞋不再粘贴鞋垫。为了穿着舒服，通常会在内底与包面皮之间加衬一层海绵或泡沫塑料，使内底饱满光滑，富有弹性。

包面内底工艺流程：印字→刷胶→贴面包边。

刷胶：在面革内面约20mm宽范围内刷胶，同时在内底正反面边缘15mm处刷胶并活化，然后将内底贴有海绵的一面粘贴在包面皮正中，要求做工均匀、平整、无褶皱、余边一致。然后翻过来余边用力向外拉并包住边缘，再沿边向内包折。顺序：前尖(向前拉无褶皱)和后跟两端至腰窝。注意外凸打褶皱，下凹打剪口。

(2) 包边内底

包括全包边、贴面包边、半包边、局部包边，也可用机器完成包边，如图6-19所示。

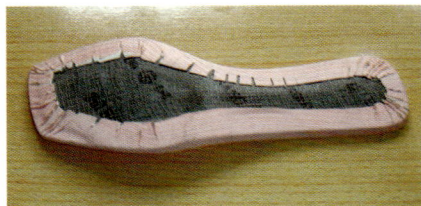

图6-19 中底包边机

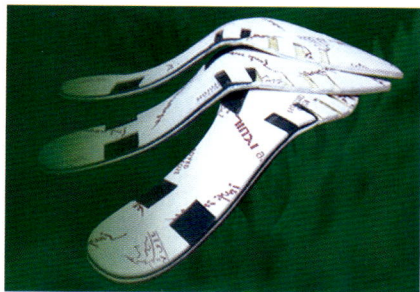

图6-20 容帮槽

图6-21 飞机板

6.2.4 穿孔与开槽内底工艺

条带凉鞋产品往往存在内底楞凸不平和子口线不严密的问题，产生上述问题的原因主要是帮脚在外底与内底之间，使上线处厚度增加。预防方法是，一般先在内底的边沿及反面刻容帮槽或粘贴飞机板，然后再做包边。

①穿孔内底工艺，适于制作插条式样凉鞋和夹趾拖鞋。工艺方法：先将样板定位，然后凿孔。

②开槽内底，如图6-20所示。基本步骤包括勾心开槽和容帮槽。

③凉鞋的飞机板，用于帮脚的精确定位，以及减少因帮脚而增加的内底厚度，如图6-21所示。

6.3 其他底部件工艺技术

6.3.1 主跟、内包头简介

主跟、内包头主要对鞋头和后跟起支撑定型的作用，材质比较多，主要有天然皮革、再生革、钢、化学片、热熔胶片等，后两者应用最多，主跟、内包头的结构因皮鞋的款式不同而不同，大致结构如图6-22所示。

图6-22a 化学片内包头

图6-22b 化学片主跟

图6-22c 热熔胶主跟

图6-22d 钢包头

图6-22e 真皮主跟

图6-22 各种材料主跟、内包头

6.3.2 鞋跟工艺

（1）跟体结构

根据结构可分为跟座面、跟墙面、跟口面、鞋跟面，如图6-23所示。

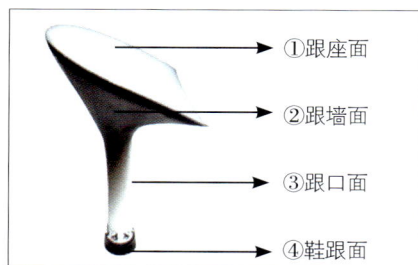

①跟座面

②跟墙面

③跟口面

④鞋跟面

图6-23 鞋跟

(2)鞋跟的分类

①按跟高进行分类，可分为无跟、平跟、中跟、高跟和特高跟。

a. 无跟：平坦状，无鞋跟结构；

b. 平跟：跟高小于30mm；

c. 中跟：30～50mm；

d. 高跟：55～80mm；

e. 特高跟：80mm以上。

②按材质进行分类，可分为塑料跟、木跟和软木跟，如图6-24所示。

a. 塑料鞋跟：热塑性工程塑料在鞋跟模具中被挤注加工成型，其特点是有韧性和强度，易钉入鞋钉且衔钉力强，常用的材料名称有ABS、PC、PS、BE聚甲醛(人造木)。

b. 木跟：高细跟采用硬质木(色木)；中高根还可采用优质桦木；长跟、男跟采用椴木类松软木。

c. 软木跟：其特点是密度小、木质疏松、硬度和弹性大、有自然花纹，常用来制作长插跟、楔形跟、平船底跟、加州鞋台底、内底及中底的填料，有时多采用化学仿真软木。

③按结构进行分类，可分为整型跟和组合跟(由跟体、包鞋跟皮、粗面构成)。

④按造型分类，可分为男鞋块跟、压掌跟、卷跟和坡跟，如图6-25所示。

图6-24a　ABS塑料跟

图6-24b　木跟

图6-24c　橡胶软木底

图6-25a　男鞋块跟

图6-25b　压掌跟

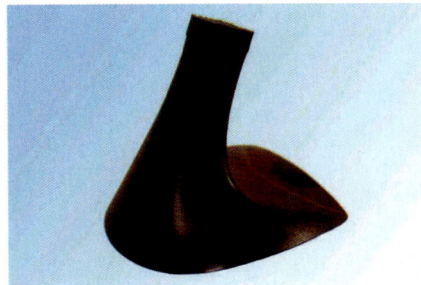

图6-25c　卷跟

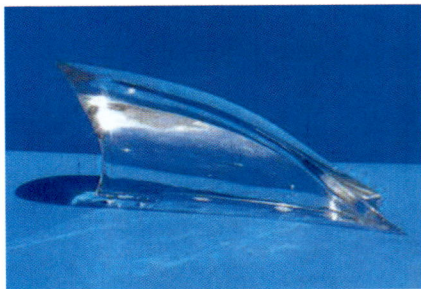

图6-25d　PC塑料坡跟

图6-25　各种造型跟

(3)装配方法

装配方法包括①钉跟：从小掌面钉向外底、中底，将跟体钉固定在外底后跟部位，适用于平跟鞋。②装跟：从鞋腔的后跟部位穿透内底、外底而钉入跟体，适用于中高跟鞋。制作方法分为手工装跟和机器装跟两种。

第四单元
制鞋流水线

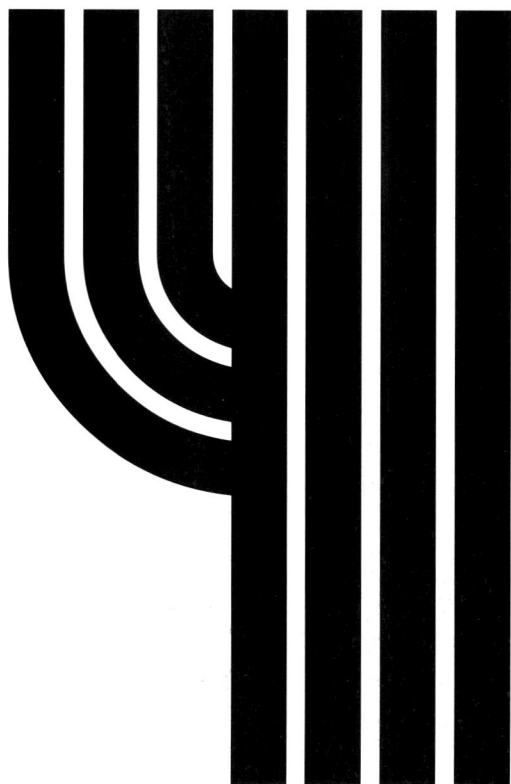

高等职业教育艺术设计类专业实践教材

7 流水线前段的工艺技术

　　本章主要学习机械化制鞋的前段技能，重点讲解了绷帮技能，该技能是制鞋企业的核心技能之一，也是比较复杂、技术含量高的技能，是学生的重点学习部分。学习过程中可将学习与视频结合，以达到事半功倍的学习效果。

7.1 绷帮前工序

　　流水线的运作方式已经被广大鞋类企业所接受，是现代企业中最主要的生产方式。流水线制鞋工艺逐渐代替了先前手工制鞋的家庭小作坊模式。

　　鞋类流水线的生产工序主要分为前段、中段和后段，前段的主要操作程序为绷帮前及绷帮工艺。中段主要为帮底结合工艺，后段为后处理工序。如图7-1所示为制鞋企业的一条鞋类流水线。

　　本单元主要介绍流水线前段工艺技术，主要包括绷帮前的准备工作，如图7-2a所示，及绷帮操作技术，如图7-2b所示。

图7-1 鞋类制作流水线

图7-2a

图7-2b

7.1.1 按生产通知单领取鞋帮、鞋楦、底料等辅件
　　按生产通知单领取鞋帮、大底、中底、鞋楦、鞋带等辅料，应注意将左右配成双。

7.1.2 拴带
　　大多数系带鞋都需要在绷帮前系好鞋带，以防止绷帮时因受力不均造成不应有的变形，并防止夹包时鞋耳处开口过大，即两耳间距过大，不仅影响成品鞋的外观质量，而且脱楦系带穿着时，会因跗围过小导致穿着时不合脚，或因为跗背太低而穿着时挤脚。

　　注意：系带时应注意不能系得太紧或太松。如系得太紧，即两耳的间距小于设计的尺寸，会产生以下两方面问题：①绷帮余量不足，影响帮底结合的牢度；②由于系带后的帮面结构偏离了原来的设计尺寸，若要伏楦，只能靠强力和皮革的延伸性来实现，但是会使帮面因受力增大而容易产生"龇眼"和系带后跟围过大，导致不合脚。如系得太松，即两耳的间距大于设计尺寸，会产生如下问题：①帮脚余量过多，不易夹包；②因跟围过小而穿着时挤脚。

所以，拴带时要比设计的两耳间距小2～3mm，将两耳对齐，且间距不应过大，也不应过小。不过有些制作要求不高，或鞋耳间距原本比较小的鞋类，在夹包之前不拴带。

7.1.3　固定中底并修内底

（1）内底钉装法

现多采用机械方法打钉枪，为气压传动。具有工作可靠、打钉速度快、结构紧凑的特点。所用钉子有圆柱形和U形两种，一般选用U形钉，因其使用起来比较可靠且容易拔出。将中底钉在楦底面上，楦底弧度比较大的一般采用三颗钉，而楦底弧度比较平缓的只需用两颗钉即可，其目的为只需将中底紧贴楦底。所以男鞋一般只需两颗钉，女式中高跟鞋多采用三颗钉，实际操作时也要因具体情况而定。

操作流程：把中底紧贴楦底，中底边缘与楦底边缘重合，用左手按住中底，右手拿打钉枪朝中底打钉。通常朝楦底轴线打钉，操作时并没有太严格的要求。第一颗钉的位置：距前尖30～40mm的楦底中轴线上；第二颗钉的位置：腰窝部位前端，使中底贴紧楦底面，避开勾心；第三颗钉的位置：后跟的踵心位置，如图7-3所示。

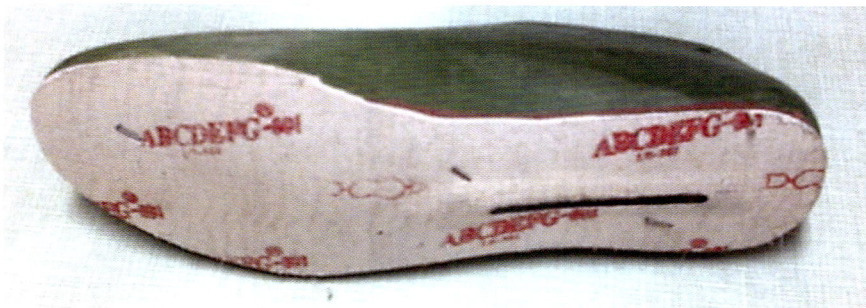

图7-3　内底钉装法

工艺要点：①内底必须成型；②内底形状必须与鞋楦底盘弧度相符，特别是保持踵心、腰窝、迟滞点部位的纵向跷度和横向弧与鞋楦的一致性；③内底边缘不得超过鞋楦底盘边缘，否则会产生成鞋规格、形状不稳定等弊端；④必须将内底钉在楦盘上，不得有相对位移。另外绷帮后内底钉必须从楦上取出，不能遗留。

注意：勾心弧度与楦底盘不符时，钉内底前应事先修正定型。钉子不能过长，其长度应正好穿透内底并钉进楦底2～3mm，钉子尽量少用。

（2）内底爪钉插装法

使用无钉绷楦工艺的最大好处是内底上没有钉子，并要求内底定型性好，与楦底盘完全吻合而不会弹开。在内底前尖和后跟部位分别装有爪钉，内底在被压入爪钉附近的而被固定住，脱楦时用力将其向后拖拉，容易将内底拉坏。

（3）胶粘带捆扎法

使用单面胶带和非黏性胶带，将内底和鞋楦捆扎在一起。在这一系

高等职业教育艺术设计类专业实践教材

统的机器上的准确位置放置内底，将楦前尖放入机器，机器会在头部横着一条单面胶带，捆扎楦以后，将鞋楦调过来，后跟粘贴胶带，绷帮之后，将胶带扯掉(出璇时胶带很容易扯掉，粘在楦上的胶带也很容易扯掉)。此法适合制作内底包面的鞋类，并能防止钉中底时钉子钉破包面皮。

(4) 修削内底

用内底修削机将多余的内底边缘削掉，钉内底后与中底不符时也要精修。修削内底采用割皮刀或钩刀工具，对照楦底盘边缘进行修削，不得刮伤鞋楦。修削后内底边缘应与楦底的边口垂直，并要保证形体尺寸一致。另外对于组合底的高跟鞋类，跟座(大掌面)必须与内底后跟部位安装位置大小一致，按跟座形状进行修削，如图7-4所示。

图7-4

7.1.4 主跟内包头的回软及装置

(1) 回软

主跟和包头在回软装置之前上口一定要批皮。回软：经过回软处理的主跟内包头分别装置在前尖和后跟部位的帮面和里之间，通过绷帮，与帮部件一起成型、定型，从而起到保持鞋型的作用。

回软方法，现代企业中通常采用以下两种方法：

①溶剂浸泡法。溶剂浸泡法适合制作化学片(无纺材料浸泡合成树脂)做成的主跟和内包头，树脂不具有亲水性，只能用溶剂浸泡，回软并恢复黏性。

浸泡方法：现代企业中基本上采用包头机，也称"港宝沾湿机"。溶剂，也被称为包头水，由等量的甲苯和汽油配制而成。操作时，打开开关，左手拿一定数量的主跟和包头，右手拿一片并送入包头机的输入口，通过机器内部滚轮的运送，化学片从输出口输出，当浸泡充分时，再放置1~3分钟左右，使溶剂挥发一部分。否则溶剂含量过高时，会造成以下结果：a.绷帮时被挤压的溶剂会渗透到帮料的表面，将皮革的涂饰层溶解掉；b.主跟内包头过黏，不易平稳地装在面里之间。

②加热回软法。适合制作热熔胶片(浸渍过热熔树脂的合成材料)，通过加热即可恢复黏性。

操作方法：有些企业也有专门的活化机，采用滚动输入，不同的是通过加热回软。

(2) 主跟内包头的装置：

①装主跟。操作方法：刷胶→装置。

a.刷胶：安装的同时，需要在帮面与鞋里之间刷定型胶，其目的是提高产品成型稳定性。可刷天然胶水或天然胶乳，或用软性压敏胶将面里黏合，也有的是在制帮过程中粘贴薄浸胶衬布，在安装的同时揭去衬布表面起隔离作用的塑料薄膜。涂刷内里定型胶有以下两种形式：

粘贴软帮时：帮面与鞋里黏合时，除了主跟、内包头涂糨糊黏合之外，其余帮面与鞋里之间有两种处理方法：其一，鞋里与衬里之间刷胶，面革与衬里之间不刷胶。出楦后，虽主跟与内包头处有硬度，但其他部位很柔软，从而使穿着时舒适。但其不足之处是易产生鞋里脱壳现象；其二，为了成鞋既柔软又坚挺，避免鞋里脱壳，帮面与鞋里之间要均匀涂上一层薄薄的天然胶水或软性压敏胶等定型胶，以达到既坚挺又柔软舒服的目的。

贴硬帮时：出于抵抗外力和防护需要，以及避免因帮面质地过于松软、弹性差而不坚挺时，将帮面与鞋里之间全部涂刷定型胶制成硬帮，适于制作工作鞋和重型鞋类，但穿着舒适性差。

现代使用点阵热熔黏合剂型的鞋里和衬里材料。实施湿热定型技术可大幅度提高鞋面革的天然透气性能，配合点阵热熔黏合主跟、内包头。另外还有一种新型的点阵热熔黏合剂的主跟、内包头材料，其采用含油脂加工新技术，能阻隔帮面内油脂的迁移，能更好地保持皮革的优良性能，改善成鞋的透气性能。

注意：刷胶要均匀，不要造成胶浆堆积而使帮面不平，影响外观；距帮脚6mm处不刷胶，以免夹包时胶被挤出弄脏鞋帮，不易绷帮。

b. 装置主跟：经过批皮后的主跟装置时，片压荏的一面朝向帮面内面，使其黏合，使装置后的主跟距后帮上口(除高帮棉鞋外)缝线2～3mm，距离不能太大，否则穿用时会磨脚后跟；也不能太低，否则鞋口易发软、变形，不易跟脚。

主跟缩进帮脚8～10mm。若距离太长，不易夹包；距离太短，则在中底上的折回量少，易出现坐跟。

放置时主跟中心线基本与后合缝线对正，女中高跟鞋可向内踝偏移4～7mm，以增加内踝腰窝部位的衬托力。

②装置包头。操作方法：刷胶→装置→缝线

a. 刷胶：方法与主跟同，多数休闲鞋采用自动包头印制机，在鞋的前帮面革内面层上印置热熔胶内包头，可使鞋头具有良好的定型性和较好的弹性，此操作可放在鞋帮缝制工段使用，如图7-5所示为刷白胶。

b. 装置：方法同装置主跟。放置包头时两脚连线基本垂直于中轴线，不得偏移，允许外侧角比内侧角偏后1～2mm，缩进帮脚8～10mm。若太短，鞋帮底与鞋底的结合会影响牢度，如图7-6所示。

c. 缝线：用平缝机在鞋帮前尖距帮脚8～9mm左右压一道线，以压住包头为准，以提高前尖部位的成型稳定性。

注意：主跟和包头装好以后不要放置太久，否则会发干变硬，不易夹包。

图7-5　包头刷胶

图7-6　装包头

高等职业教育艺术设计类专业实践教材

7.1.5 剪里布
剪掉多余的里布,使帮里缩进帮脚6mm左右,如图7-7所示。

7.1.6 后帮预成型
(1)作用

①便于绷帮成型,减少绷帮前的调整时间,提高绷帮质量,对主跟部位进行预成型。

②使帮面、帮里及主跟更加紧密地结合在一起,能保持鞋口的口形,避免敞口现象,使内外表面光滑无褶皱、挺实而有弹性。

成型方法有两种:一是冷成型法(对主跟和后帮先加热再冷却成型),适合热熔型主跟;二是热成型法,适合普通主跟。

(2)技术要点

后帮在楦模上的高度要精确,特别是同一双鞋高度要一致,拉伸力不可过大或过小。拉伸力大则发生鞋帮变形或撕裂鞋帮,反之则成型效果差。成型后帮内外表面不得有褶皱现象,主跟在面里之间的黏接要牢固、均匀,整体平顺圆整。

(3)操作流程

鞋子后跟部位套在后帮预成型机的楦后跟模上,踩动脚踏开关,将后帮拉紧。当确定位置正确时,再操作控制板上的按钮开关,成型夹模后,将后帮包容在型腔中开始成型并倒计时。而热冷式后帮预成型机则不同,操作前不用刷胶,直接把热熔主跟拉入后帮并在加热器上加热,待后帮主跟软化后随即取出,并在制冷的模制工位上拉帮和定型,其操作方法与前者相同。

7.1.7 鞋帮的湿热处理
对鞋帮和内包头材料进行软化,有利于绷帮的拉伸、绷帮和成型。软化方法有三种:加热法、湿热法和浸湿法,目的都是为了增加材料的可塑性和延伸性,减少粒面层断裂,有利于拉伸、绷帮和提高成型质量。采用前帮湿热机是第二种处理方法。

当以下情况出现时,需要进行蒸软加湿处理:帮面较硬时;鞋楦头型高大、厚重(劳保鞋楦);前帮长度较长且为整片结构,绷帮时,鞋面、鞋里、鞋衬延伸幅度大,容易产生褶皱而难以平整。

处理方法:装主跟、内包头前,有时在帮面内面一侧刷水,回潮闷软后,再涂刷胶浆,接着安装主跟、内包头,再将鞋帮加湿回软。也可以直接使用鞋面蒸软加湿机和腰窝后跟蒸软机,这两种湿热机的型号和结构大致相同。水箱里的水流入蒸汽发生器的水槽时,因水槽装有电热管从而产生蒸汽,一般湿热温度为55℃~60℃。对于合成材料,可关闭蒸汽系统,只用点加热器即可。有的湿热机装有半圆形前帮加热加湿装置,气缸使电热板上下动作,以便放进或取出鞋帮。这种装置可对前帮施加一定压力,使其更平实。

注意:粘贴好主跟、内包头,缝好包头下边缘包脚线,此法适用于干性热熔内包头。

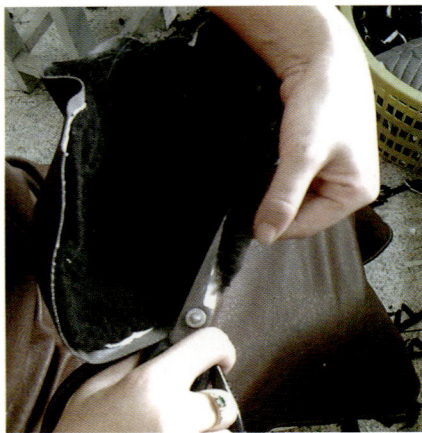

图7-7 修包头处里皮

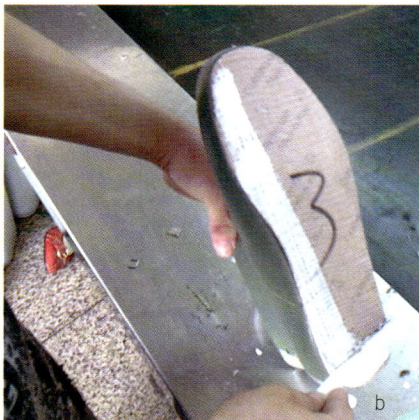

图7-8 刷绷帮胶

7.2 绷帮技术

7.2.1 刷绷帮胶

此过程操作方法简单，但是对绷帮技术要求高，适合小批量生产以及软帮鞋和凉鞋产品的一次绷帮成型，其流程如下：

①先刷内里封帮胶，将帮里黏合，起封帮定型作用，也称塌帮胶。

②刷绷帮胶要求在中底周边(15mm)(图7-8a)及黏合帮脚(10～12mm)的对应位置上以及周边的黏合面上(图7-8b)。一般采用氯丁胶和白乳胶，刷胶时要保持宽度均匀一致，不得污染帮楦。也可采用边缘上胶机。

③刷胶之后存放时间控制在3～10分钟，时间不宜过长，防止因干胶而影响黏合牢度，如图7-8所示。

7.2.2 涂抹隔膜剂

在帮里的主跟、内包头部位，以及鞋楦的前尖、后跟和跗背位置涂抹滑石粉，防止主跟、内包头渗出的胶液将楦里粘住，同时可以减少鞋里与楦之间的摩擦力。

操作方法：用装有滑石粉的纱布袋在所需部位轻拍，将滑石粉拍出即可，帮脚刷胶位置不可涂抹，以免影响黏合。此外高档鞋一般用塑料膜将楦体包裹起来，或者将前尖和后跟部位浸蜡处理，防止滑石粉污染鞋内环境。

7.2.3 定位(手工绷帮)

定位目的：确定鞋帮各部位在楦体上的位置，使绷帮后的成鞋符合设计和工艺要求，并做到左右脚对称一致。

操作方法：前帮定位→后帮定位。

(1)前帮定位的步骤

①首先将后帮抬高，在鞋头中心对称部位钉一颗钉，固定前尖后钉第二、第三颗钉，然后理顺帮里、包头、鞋帮，朝斜下方拉伸，在包头两侧所对应的位置钉钉(注意拉正，防止发生偏移或鞋脸长度不适；第二颗钉要用力适中，拖角位置内侧比外侧超前2mm或基本处于中置轴线，除圆头和统帮结构外，在方头有鞋盖式样的鞋前端两角拐弯处补上一颗钉，以固定住前帮围条位置)。然后钉第四、第五颗钉，在钉第二、第三颗钉之后为前帮准确定位，再钉第四、第五颗钉。接着钉第六、第七颗钉，大号产品在第一和第五趾部位钉第六、第七颗钉。

前帮定位分五钉法、七钉法、九钉法。要保证前帮定位准确，内外踝不发生偏移，后帮合缝对正后弧线，前脸长度符合设计要求。如定位不准确，则需要重新进行。定位后，使鞋帮内外脚对称、鞋帮端正而不发生扭转；鞋脸不要过长或过短；后帮高符合设计要求，另外注意内外踝鞋帮不要过高或过低；定位时还要注意帮面材料的性质、楦型结构和帮面结构等因素。

②检查与调正：用尺子测量鞋脸长度，比标准长度加长1～2mm，检查各部位是否端正，与鞋楦吻合；检查各部位线条是否流畅、恰当，头

形尤其是围盖鞋宽度形状要一致。

（2）后帮定位步骤

①检查：查看后帮后缝是否在鞋楦的中心线上，如有歪斜要调整好。调整方法：一般是用双手握住内外侧帮脚进行拉伸、错位或推搽移动调整位置。

②落楦。首先，拉后帮帮脚使后帮下降，使后帮高度达到设计要求。然后，在后帮合缝包脚处钉第一颗钉，其次是第二三颗钉，理顺帮里、主跟、鞋帮，在主跟（长度超过内底边缘3～5mm）两侧所对应的位置钉第二、第三颗钉。

后帮定位时，注意里外踝帮高要符合设计要求，外踝高不得高于外踝骨，否则会磨脚；里踝高于外踝1.5～2mm。

7.2.4 细绷

细绷步骤：刷胶→烘干→绷帮。

①刷胶：在帮脚和内底边缘刷胶，注意刷胶要均匀，保持刷胶的宽度，使宽度与帮脚在内底上的搭接量一致或稍宽。若太宽，则形成的胶膜会影响与外底的结合牢度；若太窄，会影响帮内底结合牢度。

②烘干：使胶膜进行烘干活化，一般在烘干通道中进行，温度要求夏天为60℃～70℃、冬天为70℃～80℃。通道分成两段或三段。烘干到"指触干"即可。

目的：定位、砸型后，需要进行精绷，使整个帮套紧伏楦体。帮脚紧粘楦底棱和内底，消除内底边5mm以内的褶皱，使帮脚平、帮面平稳、无楞，同双对称一致。

③绷帮：楦底朝上，将后跟夹在两腿之间，首先从靠右手的包头帮脚处开始向外侧依次精绷，绷到有定位钉的位置时拔除定位钉，重新钉钉直到绷完一圈为止。

动作：左手握住鞋帮与楦的前脸部位，用钳嘴叼一下前尖鞋里，在前帮正中连带鞋里带帮面钳住鞋帮；钳嘴咬住帮脚的深度为6～10mm，稳缓用力，把鞋帮向前拉伸，左手拇指按住内底，其余四指握住鞋帮前部，跟随鞋帮钳的叼紧动作向前搽帮，帮助右手实施绷帮拉伸和帮脚的转弯动作；左手压住包脚→松开夹包钳→右手拿钉对准包脚，然后放入左手两指之间再用右手用夹包钳钉钉，钉住包脚（钉子距楦底口7～10mm），接着用夹包钳向楦内侧打倒钉子。注意钉的位置不要太靠近包脚，而且不要钉入太浅，否则会钉不牢，如图7-9所示。

操作时，若遇浅色帮，握楦的手需要用干净的白布垫着，或者将帮罩上塑料纸，防止其受污。同时钉子距离帮脚的距离、钉入的深度要一致；钉子打倒的方向要和楦底棱垂直，且角度一致；前尖、后跟、腰窝处钉子之间的距离要均匀一致。这种一致性会使帮脚平整、帮面平实、无楞，楦底棱清晰，如图7-10所示。

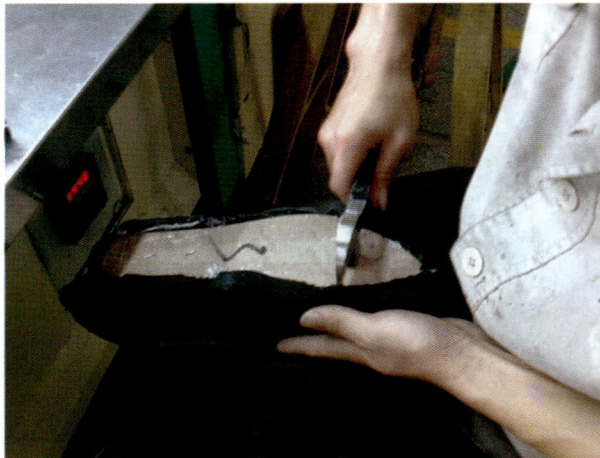

图7-9 绷帮动作

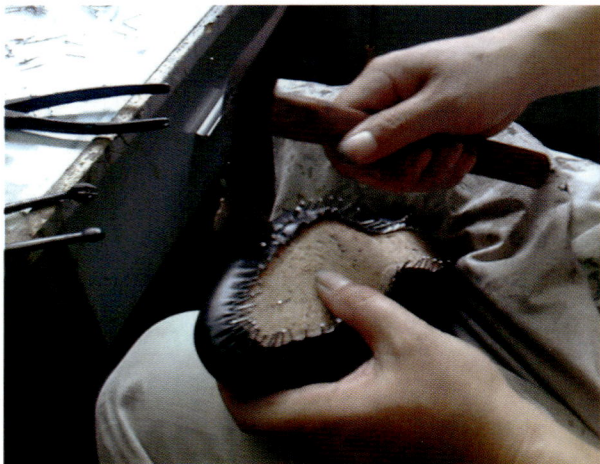

图7-10 绷帮钉效果

图7-11 锤型

图7-12 标准的绷帮效果

7.2.5 砸型

①目的：为使主跟、内包头紧贴楦体，符合设计要求，在定位之后，用榔头或包钳砸型，否则帮面难以平实及定型。

②操作方法：主要砸主跟、包头、鞋盖、围条相接部位、前后帮相接部位、鞋里皮相接部位、鞋帮上口、腰窝和缝线处，主要砸出楦头曲线。注意将楦头的楞脚线条及花式形态敲出来，让楦头上的特点充分突显到鞋表层上，使线条更加流畅。砸面的角度与绷帮时的相反，方向由楦底楞朝楦台方向，力度要均匀，不要砸伤帮面，以保证无锤痕（图7-11）。

7.2.6 检验绷帮效果

①同一双鞋的前帮围条高度、前帮长度、鸡心大小、口门端正、内外中帮高度、后帮高度等，都要符合工艺要求。

②"正服平实、规范无伤"。

正：与楦前后端点为中轴线，鞋帮对中，其余各部件要左右对称、协调一致；

服：帮面紧贴楦面，尤其跗背、腰窝及鞋口部位无空浮现象；

平：帮面平整无楞，帮脚平整，子口线清晰、圆润流畅；

实：面里与主跟、内包头粘实，无空松现象；主跟、内包头紧贴楦体，鞋里松紧适度，无堆积皱缩现象。

操作规范：同一双鞋对应部位的长短、高矮、大小、线型要对称一致，同时要符合设计与工艺要求，主跟及内包头安装位置规范；

无伤：无刀、剪、钉子造成的割伤、划伤、榔头的砸伤，无因放置不当而产生的磨伤和压痕、帮面绷裂、帮面豁口，无粘楦等加工缺陷。

如图7-12所示是标准的绷帮效果，达到了同双对称这一目的，符合工艺标准，并且正服平实、规范无伤。

7.3 凉鞋的绷帮成型

按照鞋帮的成型工艺及其方法可将凉鞋的绷帮成型步骤分为预槽结构、插帮结构、包边结构和月台结构。

7.3.1 准备工作

(1)内底装钉

凉鞋内底一般先经过包制、修饰、加工制成后,再将其钉合在楦底盘上,固定方法有钉合与黏合两种:凡是统包内底,如图7-13所示,为了确保内底无钉,不能使用钉子固定,只能采用黏合固定,操作时先将内底复合在楦底面上,放正位置,再用胶条粘贴固定。

(2)鞋里的帮脚砂毛

为了提高帮脚与内底的黏合强度,要对帮脚的鞋里边砂毛,宽度为10～12mm,羊里革用2号砂布,牛里革用3号砂布。细条带凉鞋不用机械起毛,而用化学处理方法。

(3)黏合位置刷胶

内底按飞机板刷胶,凡是内底有容帮槽的,一定要在槽内涂刷氯丁胶,再按绷帮定位的飞机板画线涂刷,防止内底在槽印和定位线之后。

图7-13 统包内底

7.3.2 凉鞋的定位与绷帮

按照凉鞋的帮底结构将其分为预槽、插帮、排楦。

(1)预槽

可以采用绷钉法(将条带拉到位,用钉固定,然后再黏合;内底表面经过包面的不用此方法),也可采用一次绷帮成型法(经绷帮直接将条带在安装位置黏合成型,最后用榔头锤敲平整,再用割皮刀按需要削平帮脚边)。

条带凉鞋绷帮的要点有以下"三偏":①外侧条带位置必须比内侧偏后,以便穿着舒适;②凉鞋的后帮以及后空内侧偏前外侧且靠后;③凉鞋的前帮正中心位置或视觉中心偏外。

(2)插帮凉鞋的定位与绷帮

插帮凉鞋随帮结构以及内底边缘外露的宽窄不同,而选用相应的绷粘方式。

单向绷粘是将帮面与鞋里向同一方向倒伏绷粘;双向绷粘是将面里分开向两个方向倒伏(内底外露的边缘宽大,有足够的帮脚黏合量)。绷帮时预先按孔位插入对应条带的帮脚,然后用鞋楦插入鞋内腔,可用钉合(内底粗糙,成型后粘贴鞋垫)或者用胶带将内底黏合(内底包面或已经成型),再用绷帮钉子将帮条绷伏于楦面,随即黏合即可。

(3)排楦凉鞋的定位与绷帮

排楦也称套帮,先将帮与底缝合,再将楦塞入鞋腔,依靠楦的支撑力完成鞋帮定型。又可将其分为包边式和月台式两种。

①包边式凉鞋的排楦成型工艺。包边式凉鞋也称为沙滩凉鞋,内底宽大者为出边形式(子口外侧留有较宽的边缘,称为出边),帮脚外翻与内底出边定位缝合,然后用滚边条包边完成缝合,最后塞入鞋楦。

这种凉鞋在内底上的定位是靠飞机板的反向来完成(有定位槽安放

a 整体楦

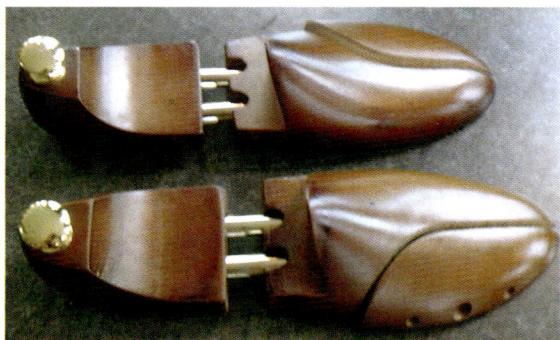

b 弹簧楦

c 两节楦

d 盖板楦

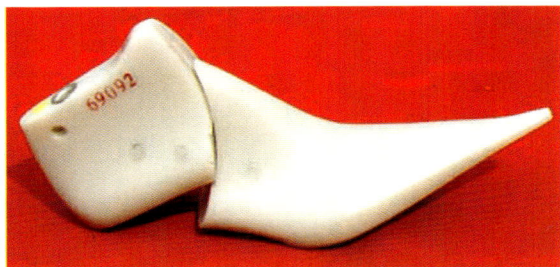

e 高腰两节楦

图7-14 鞋楦结构

在脚掌一面），鞋帮的帮脚对准飞机板槽口，再包上包边条。包边条方法包括缉口式（包边条边缘为毛边，包住内底与帮脚并缝合，再套楦成型）和滚口式（事先沿边缝上包边条，将楦套楦成型，再翻转包边条包住内底边缘）。

②月台式凉鞋排楦成型工艺。加利福尼亚凉鞋也称加州凉鞋，采用软质内底，使用面革复合衬布和泡沫，直接与帮脚定位缝合，排楦成型。月台式凉鞋制作时需要滚边，塞入楦时，要先撒滑石粉或上蜡，再套楦，再使用绷帮手法拉滚边条带，使帮脚与内底缝合线对准楦底盘四周边缘轮廓，再将包边条用绷帮钉固定在楦上（条带空当处）使内底绷挺，最后用软木中底或泡沫EVA等弹性中底黏合在内底上，并翻转包边条包住中底，完成月台式凉鞋的排楦成型工艺。

7.4 套帮与排楦成型

概念：事先将鞋帮与内底缝合成鞋腔，再直接将楦塞入鞋腔或帮套中，采用挤、顶、冲、锲手段使鞋帮内腔增压，利用鞋楦对鞋帮的支撑力，完成绷帮成型的工艺过程。此方法适用于帮面材料柔软的轻便鞋产品，如婴儿鞋、室内鞋、拖鞋、沙滩鞋、包底鞋、软帮鞋、翻楦鞋等软底便鞋。

7.4.1 排楦方式

①湿排法：对于采用撑板和拉伸工艺制成的平面鞋材，先将鞋帮与内底的缝合处边缘以及鞋帮的前后两端刷水润湿，以降低硬度和弹性，提高纤维收缩性，增加可塑性。排楦撑出鞋楦形体，再经干燥收缩，以消除鞋材纤维内的弹性应力。

②干排法：对于油性好、强度和柔韧度高的皮革材料制成的鞋帮及帮套，直接采用干排法，通过榔头的锤敲平衡材料中的弹性应力。如果先将鞋帮温度加温到35℃左右后再排楦，可经烘箱进行加温定型，效果会更好。

7.4.2 鞋楦的选用

楦型的结构有多种，包括整体楦，如图7-14a所示；弹簧楦，如图7-14b所示；两节楦，如图7-14c所示；盖板楦；高腰鞋和靴使用高腰两节楦，如图7-14所示；凉鞋和浅脸满帮鞋使用整体楦；深脸满帮鞋使用两节楦排楦。若使用铰链弹簧排楦，其操作方法会更方便和简单，此时套楦应使用软性主跟、内包头。

操作：在楦体上撒滑石粉或上蜡，将鞋帮直接套上整体楦前端，再用鞋拔子插入后帮跟跟腔内，并从鞋楦后跟抽出。

7.5 流水线前段整理操作

7.5.1 清洁

用软布或刷子蘸取油性去污水(此类去污剂对皮料有损伤)或清洁剂,清擦前期操作中留下的划料水、胶渍及污渍,否则热定型后将难以除掉。

7.5.2 拔帮脚钉

用拔钉钳拔除帮脚与中底上的钉子,注意拔钉的方向和帮脚的倒伏方向要相同,否则帮脚容易被拔带起来,造成帮体变形,如图7-15所示。

7.5.3 帮脚削平

作用:削平后的帮脚容易起毛,黏合外底时要保持底面平整,并减少内外底之间的架空现象,黏合交界处的子口线要平顺、胶膜匀称,避免虚粘,以提高帮底结合强度。

操作方法:使用割皮刀将帮脚边口削平,起刀位置距楦边子口7~8mm,与内底表面呈25~30°夹角。再向底盘中心片削至帮脚边口,接口要平坦,也不能削平过宽,以降低强度。

图7-15 拔帮脚钉

7.5.4 拔内底钉

内底钉若是直钉,可用绷帮钳、平口钳或胡桃钳来拔;若使用的是U形钉,则改用V形改锥或绷帮钳拔除内底钉。

7.5.5 按摩整形

绷帮结束之后用榔头敲锤整形,重点是鞋头、后跟、鞋形体线条。全自动整形按摩机是在绷帮之后热定型之前,对前、后帮脚进行整修的专用机器,通过对帮脚的敲锤按摩,使楦底盘子口线轮廓清晰,并消除帮脚褶皱,使帮脚平整,易于覆底和装跟,如图7-16所示。

7.5.6 干燥定型

①干燥定型的目的:排除帮套所含水分(这种水分主要是指主跟包头的溶剂和胶中所含的多余水分);强化帮套的定型效果,防止因帮料回缩而导致皮鞋发生变形;预防保存过程中发生霉变等。

②干燥定型的作用:a.利用皮革的收缩性能,皮革抱楦,消除帮面褶皱;b.利用材料的热塑性能,使分子内部活性加大,消除内聚应力,使之成型固定;c.将黏合剂充分活化加速交联,提高黏接性能。

③干燥定型的方式:自然干燥(这种方式周期长,通常很少采用)、利用烘箱和烘干通道进行烘干定型。真皮需要湿热定型,而合成材料只需要干热气流定型。

图7-16 按摩整形

注意：要控制好干燥时间和烘干温度，时间过短定型效果不好，时间过长或温度过高，会出现皮面干枯、强度降低等问题。

温度一般控制在110℃，时间通常需要六分钟左右。

④使用机器：热风固型机、热定型机、急速定型加硫机(加硫即加湿和加热)，如图7-17所示。工作原理：湿热风机将水加热成蒸汽，再将蒸汽通过热风道送入湿热定型通道，对非天然皮革关闭蒸汽发生器只用热风即可。实际操作时应根据产品品种、材料情况，调整温度一般控制在90℃～105℃。新型的真空湿热机即属此温度，此温度有助于减少加温定型时间，提高质量，缩短循环使用周期。

图7-17 热定型机

7.5.7 后踵整形

对后跟座或后掌通过压平、熨烫、敲打和按摩，使后跟圆润、跟座平整，并与鞋跟接触良好，提高产品质量，该操作过程称之为后踵整形。

后踵整形的目的：使后跟座(鞋跟与后帮帮脚的连接界面)与鞋跟之间紧密配合、后跟座轮廓线及外围曲面圆滑顺畅。

工作原理：用电热熨板将帮脚熨平，使整形轮以4200次/分的微量振动敲打后跟座边缘并实施按摩，使边缘线迹清晰美观，多用于钉跟鞋和成型底鞋。

7.5.8 热风去皱

热风去皱的目的是消除皮鞋表面的粗大褶皱。

去皱原理：传统方法是用酒精灯烤、烙铁和热风吹，强制性地使皮革收缩，但这样做会使油脂挥发过快而导致纤维变脆、降低强度。现代企业通常采用蒸汽润湿去皱，操作步骤是：用蒸汽润湿褶皱，将内应力松弛消除，然后用压辊轻轻滚压，再用热风进行干燥，使皮革粒面层收缩，从而去除褶皱。

使用机器：蒸汽润湿去皱机、蒸汽熨平机、热风去皱机、蒸汽除皱机，如图7-18所示。

7.5.9 整理熨平电熨斗

利用皮革受热后的收缩性能，用电熨斗熨烫头型、跗面、帮脚等轻微不平和不服帖的部位，电熨斗型号为蒸汽型，电压36V、功率为70～80W，熨烫时间不宜过长，达到鞋体平整即可。真皮鞋表面容易产生皱纹，可以使用小型电熨斗，隔着玻璃纸直接喷出100℃左右的蒸汽来消除皱纹。

图7-18 热风烫平除皱机器

085

7.6 机器绷帮法

使用机器绷帮法的目的：传统的手工绷帮速度慢，而且会因为操作工人的操作手法不同而造成产品质量不稳定，所以手工绷帮只适合小批量生产。而机器绷帮速度快，适合大批量生产。但机器不如手工绷帮灵活，所以有些特殊产品和高要求的精品鞋仍采用手工绷帮。

机器绷帮法的特点：是使用机械手模仿手工绷帮的操作，配以束紧器和扫刀的辅助作用而完成的绷帮成型。

绷帮机的种类如下：

7.6.1 绷前帮机

绷前帮机可分为自动喷胶绷前帮机、人工涂胶绷前帮机、钉前帮机（在扫刀上方装有钉钉系统），如图7-19a所示为绷前帮机，图7-19b所示为绷前帮操作图。

7.6.2 绷后帮机

绷后帮机可分为人工涂胶挤跟机、自动喷胶挤跟机、绷跟钉合机，如图7-20所示为绷后帮操作。

7.6.3 绷中帮机

绷中帮机包括预涂胶绷中帮机、喷胶绷中帮机、钉中帮机。

7.6.4 绷帮机组

绷帮机组包括绷前中帮机、绷中后帮机。

何种机器搭配使用因企业自身情况要求而定，例如可以用人工涂胶绷前帮机加人工涂胶挤跟机。使用时先在帮脚和内地边缘人工涂胶再绷前帮，然后调正并手工拉中帮，最后绷后帮；可以用自动喷胶绷前帮加自动喷胶挤跟机再加喷胶绷中帮机；可以用钉前帮机加绷跟钉合机，先手工涂胶再钉前帮，然后调正并手工拉中帮，最后钉后帮；还可以用人工涂胶绷前帮机加绷中后帮机。

图7-19a 油压自动前帮机器

图 7-19b 绷前帮操作

图7-20 绷后帮操作

高等职业教育艺术设计类专业实践教材

8 流水线中段的工艺技术

本章主要学习机械化制鞋的中段技能，重点讲解了合底技能，该技能是制鞋企业的核心技能之一，也是比较复杂，技术含量较高的制鞋技能之一。是学生重点学习部分之一。学习过程中可将学习与视频相结合，以达到事半功倍的学习效果。

8.1 黏合面的处理

8.1.1 划合外底子口线

为了确保黏合外底的质量，达到对黏合面的加工到位，防止因黏合不严密或胶液渗出而污染鞋帮，需要画出子口线，用于起毛或刷胶（包括刷处理剂）的精确定位。对于操作熟练的工人，只对高边鞋划子口线即可，否则刷胶或砂磨时难以控制宽度。操作步骤：有专门的划子口线机，如图8-1a所示，先将大底内部放好，中底如图8-1b所示，再将楦头放到大底上，踩踏板，用压脚压住楦台，如图8-1c所示，最后用水银笔沿外底边沿画线。

图8-1 自动划线机及操作

8.1.2 黏合面的处理

为了确保胶粘皮鞋的黏合质量，一般情况下对黏合面的加工必须妥善完成以下三个步骤：起毛、处理、刷胶。

（1）黏合面的起毛

黏合面的起毛或称拉毛、磨毛、起绒、粗毛，俗称抛毛。包括帮脚起毛和外底黏合面起毛两个部分。

①天然皮革帮脚起毛也称打磨、抛毛、砂帮脚。

②外底黏合面一般也需要砂磨起绒，而对于一般热塑性材质的成型外底，只需要用处理剂处理黏合面即可。如：对于橡胶材料的外底，首先也要打磨，再刷处理剂处理；而对于像TPR、EVA、PU、PVC等材质的成型底，则只需用相应的处理剂处理即可。

起毛的作用：①起毛能除去帮脚处帮面的涂饰层；②使帮脚处呈粗糙的绒面，有利于增大其黏合面积，便于胶粘剂渗透，提高黏合强度；③为胶粘剂的固化提供锚地，使其产生锚固作用。

使用设备：帮脚起毛机，也称帮脚粗化机、帮脚拉毛机、砂轮机、帮脚磨绒机，采用砂布轮（普遍）、钢丝轮，如图8-2a所示为小砂轮机，图8-2b所示为砂带打粗吸尘机。

①砂布轮：重量轻、惯性小，接触帮脚时不跳动，砂毛时稳定性好。但砂粒容易脱落，必须经常更换砂布。

②钢丝轮：效果最好，钢丝可分为软、中、硬三种。软钢丝适合对羊皮革起毛；硬钢丝适合对猪面革起毛。钢丝轮的优点是效率高、绒毛浓度均匀、界面尘屑少、黏合力明显提高。但是操作难度较大，容易产生边距不齐等质量缺陷。

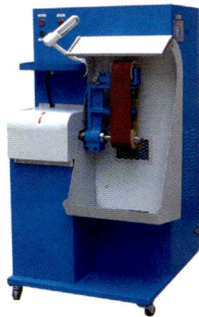

图8-2 砂轮机

087

砂磨在流水线操作工序中可分为粗砂、细砂两道工序。粗砂一般用金刚砂轮，用钢丝砂轮先进行初步的大面积起绒，为细砂作基础，而细砂是在其操作后进行更精细的砂磨，使砂磨边界更整齐，绒毛浓密均匀而界面尘屑少。如果是细砂，则要两人操作，而粗砂只需一人操作。

注意：在砂磨过程中，应根据被起绒件的材料选择粗细适宜、起绒适当的砂轮，使砂着标准操作安稳、砂痕边缘位置恰当，并且使砂磨深度起绒长短适当、均匀到位。以下为砂磨的具体操作细则：

①控制砂磨起绒的位置：缩进子口线0.5～0.8mm，若砂磨过宽，合底后会露出砂磨痕迹；若砂磨过窄，黏合不严密，会影响强度。

②控制砂磨的深度。帮脚的砂磨以砂除表面涂饰层、露出纤维为准，砂磨深度不超过革厚的1/4。若砂磨过深，易砂断帮脚，从而影响鞋的使用寿命；若砂磨过浅，表面涂饰层砂除不够，胶粘剂渗透不充分，会导致黏合强度不足。

③控制砂磨后的绒毛。砂磨后，黏合面上的绒毛应短而密，长度为0.2～0.3mm。若绒毛过短，胶粘剂的扩散和渗透程度不够，会使黏合效果不好；若绒毛过长，剥离时绒毛易被拉断，易开胶。

④ 砂磨均匀，无漏砂和砂坏现象。

⑤盘式外底的边墙内侧，尤其是休闲鞋，必须砂磨，其砂摩范围应严格控制在子口线以内，而且砂磨平整、顺直，无波浪起伏等不平整现象。

操作步骤：用手托住楦头，将帮脚对准砂轮，沿帮脚一圈打砂轮，顺序是：先前尖→前掌外侧→前掌内侧，再把鞋后跟朝前，从后跟外侧到后跟内侧，在砂磨起绒的同时，同时将压缩空气填充到除尘袋中。

（2）黏合面的化学处理

对于合成革材料的帮脚和外底，在刷胶前都要刷化学处理剂进行黏合面的处理。

处理的作用：溶解掉帮脚上的涂饰层和外底上的隔离物质，有利于胶粘剂向被粘物内部的扩散和渗透。否则如果黏接效果不好，会导致开胶。

化学处理剂一般是由胶粘剂生产厂商配套开发和生产的相关产品。使用不同的底材和鞋面材料，需要配合使用不同型号的处理剂。不同的底材或帮面材料选用不同的处理剂，不同的厂商品牌和型号也有所不同。例如：

①橡胶底：MQ——7150

②TPR底：MQ——715

③PU底：MQ——718

④PU革：MQ——711B

⑤转泡EVA：MQ——713T

⑥油皮：MQ——719T

⑦仿平革底：一般牛筋底MQ——7150

处理剂一般包括三种类型：清洗型、过渡型和反应型。

操作步骤：

①帮脚处理，先用刷子沿帮脚一圈刷处理剂，注意不要超过子口线；再沿大底外沿用刷子刷一圈；再将大底内部刷处理剂，注意不要刷太多或处理过度，刷均匀即可。对于高边鞋只刷楦底棱到子口线之间的部位。

②烘干活化，刷处理剂之后，不能立即刷胶，要先进行烘干活化。温度一般控制在70℃～75℃。

8.2　合外底

8.2.1　胶粘剂

黏合外底的手胶粘剂种类很多，有氯丁胶、聚氨酯胶、进口树脂胶。应根据帮底材质的不同，操作环境的不同，有目的地选择不同的胶粘剂来进行胶液配制。

(1)胶粘剂种类

①氯丁胶：接技型改性氯丁胶应用较广，它用于皮革与皮革、皮革与橡胶、皮革与纺织物、纺织物与橡胶之间的黏合，黏合能力强。但氯丁胶液剂的化学成分是甲苯，有一定的毒性，所以目前各地都在研究更低毒或无毒的液剂，尽量使用绿色产品。

②聚氨酯胶(溶剂型)：也叫树脂胶。解决了氯丁胶无法黏合PVC、PU鞋材的问题，并对许多材质产生优良的黏接性能，主要用于合成革与合成革、合成革与橡塑混合物、皮革与聚氨酯的黏合。同氯丁胶一样，存在着毒性和污染环境问题。近年出现了无苯聚氨酯胶，毒性有所降低，但是这一问题并没有得到根本解决。水性聚氨酯胶有较好的黏接效果，与前者比较，后者没有溶剂臭味，无毒、无污染，操作方便，残胶易清理，但干燥过程工艺条件要求高，渗透能力差。

(2)胶液配置

黏合外底用的胶粘剂，大致可分为热熔型、溶剂型和水基型，除热熔型以外，其余溶剂型和水基型胶粘剂都需要加配固化剂。因为鞋用胶粘剂属热可塑性聚合物，即加热后会熔融、变形，需要在使用前加入固化剂，使胶粘剂分子形成交联或部分交联，从而使胶粘剂分子与分子之间产生化学结合，形成不易熔融的巨大分子。

①加入固化剂作用：a.提高胶粘剂的内聚力，可加快胶粘皮鞋的黏合速度以及后期黏合力；b.提高胶粘剂的凝固能力和速度，降低剪切力对胶膜的破坏；c.提高胶粘剂的耐热性，利于定型加工，避免黏合面因温度变化而弹开；d.增加耐水解、耐油及防化学腐蚀的性能。

②加入固化剂方法：氯丁胶常用的交联固化剂是列克纳。刷胶之前向胶粘剂内加入5%～7%的固化剂，混合均匀后使用。固化剂的使用百分比与被粘物的性质有关，皮革与皮革黏合用量为5%左右；皮革与橡胶黏合时，用量为10%左右。实际使用时根据胶液的性质进行调整。

注意：使用固化剂时要随用随配并密封保存，使用后留意胶粘剂的流动性，如有凝胶、结团和死胶情况，应立即停止使用并废弃。

8.2.2　刷胶

(1)刷胶方法

对于真皮材料的帮面，要两次刷胶，而对于合成材料的帮脚刷一次即可；对于合成材料的外底刷一遍或两遍胶皆可。刷胶之前一定要净化。工艺流程：净化黏合面→配胶管理→第一遍胶→胶膜烘干→第二遍胶→胶膜活化。

操作方法：若是真皮材料的帮脚，需要刷两遍胶。第一遍胶：浓度稀一些，要浸润被粘物表面，方法是往复推刷，避免绒毛向一侧倾倒，造成上边有胶、下面无胶的状态。而往复推刷可使胶粘剂充分浸润被粘物表面。

第二遍胶：要稠一些，对帮脚和外底的黏合强度起着决定性的作用。涂刷方法是单向推刷，避免胶液产生堆积，刷胶要均匀，如图8-3a所示为帮脚刷胶图。

刷外底的合时成材料刷遍皆可，涂刷方法是沿外底边缘单向推刷一遍，再在外底内部均匀刷一遍即可，如图8-3b所示为外底刷胶图。

（2）刷胶过程中的安全生产

胶粘剂、处理剂、固化剂均属于易燃易爆危险品，要按照危险品有关规定使用，使用时应注意以下几点：

①危险品应按照"用多少、领多少；使用多少，倒多少"的原则使用。

②刷胶处要有防毒排气设备，操作人员要戴上口罩，注意防护，避免呼吸道直接吸入含毒气体。

③操作人员要加强安全管理，对加温室、加热器、仪表等进行维护和监视，发现异常要及时向有关部门和人员反映，及时处理。

④如果人体、口、眼睛等部位不慎留有处理剂或固化剂，应立即用大量清水冲洗，并尽快就医。

⑤如果发生事故，首先要切断电源，然后组织人员抢救，用砂、干粉灭火器灭火，不得用水灭火。

8.2.3 烘干活化

干燥方法分为自然干燥和设备干燥两种。

自然干燥无法保障干燥效果，而且时间长，容易造成生产效率低的缺陷。目前企业普遍采用设备干燥法，在烘干通道里装上热源，普遍采用的是红外灯和红外电热管。

每次刷胶都要进行烘干活化，烘干效果主要由通道的温度和加热的时间来决定。温度和加热的时间不够严重影响着黏接效果，而时间和温度又和鞋的种类以及所选的胶粘剂种类有关。另外设备对烘干时间也有很大的影响，将刷胶后的帮面及帮脚等置于通道中，温度在35℃～40℃时，烘干时间要10分钟左右；或直接将之放在电炉上烘干，温度在55℃～60℃时，烘干时间为2～3分钟。

另外，烘干设备除了烘干通道外，还有一类小型活化机，适合小规模或制作样品鞋时使用，如图8-4所示。

表8-1列出了不同材料的黏合与胶粘剂种类不同时，相应的控制温度及控制时间。

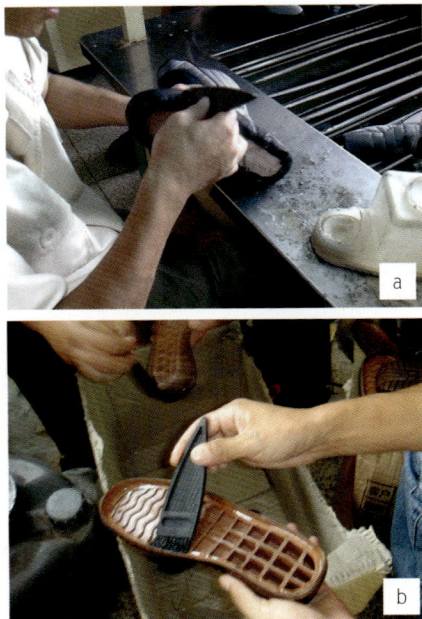

图8-3 刷胶操作图

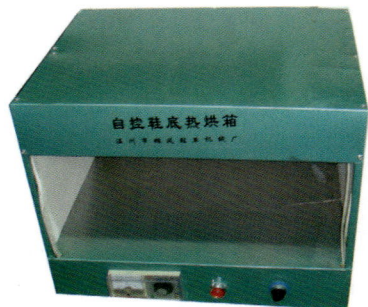

图8-4 小烘箱

表8-1

胶粘剂名称	被黏合材质	控制温度/℃	烘干时间/分钟
氯丁胶加固化剂	皮革与皮革	50	2
氯丁胶加固化剂	皮革与橡胶	50～55	2
聚氨酯	合成革与乳胶底	60～65	2
12D胶(国外进口)	合成革与仿皮底	50～55	1～2

当使用流水线干燥箱进行烘干活化时，要根据活化温度来控制流水线传送带的传送速度，以期达到最佳效果。通常第一道烘箱的烘干活化温度可低一些，一般为40℃～50℃，第二节或第三节的烘干活化温度可高一些，一般为60℃～70℃，两段或三段的烘干活化的总时间为10～12分钟。而且要根据环境温度作出相应的调整，如图8-5所示为流水线烘干刷胶后的帮脚及鞋底效果图。

图8-5 烘干通道

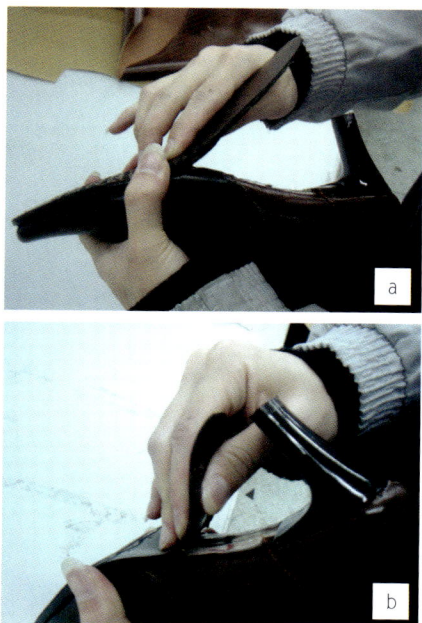

图8-6　反贴法

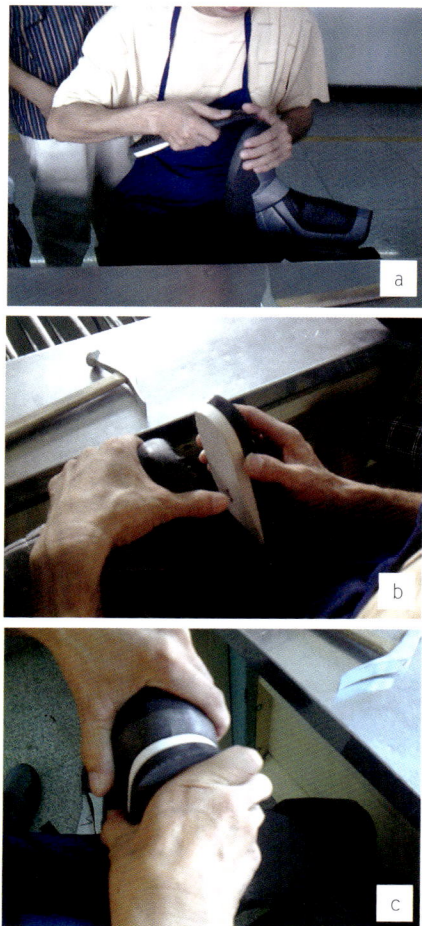

图8-7　手持法

8.2.4　合外底

由于烘干活化的温度、时间及传送带的运转速度都是事先测试好的，因此被黏物经过活化后，已经达到了黏合外底的要求。

(1) 黏合外底的基本条件

①黏合面要达到"指触干"。②硬质外底已经发软。③操作间干爽，室温与烘箱之间的温差不要大于30℃，以免工件离开通道后因温差过大而凝结水汽，严重影响黏合强度。④环境清洁，要与砂磨起绒的车间保持隔离状，以免粉尘随空气漂浮在黏合面上而污染胶膜。

合底之前应先检查胶膜状态，以达到"指触干"（不黏手，又有柔软感）为宜。覆底（合）要求：帮底不偏斜，底边均匀整齐，子口黏合严密，帮面无浮胶；鞋底中间不窝气，扣合外底后，一般用榔头捶打黏合面，将黏合面内的气体排出；还应把子口边缘挤严、挤紧。

(2) 黏合操作

将刷胶并烘干活化后的帮脚、中底、外底黏合在一起的操作称为合外底。操作方法：

①正贴法：将外底平置于腿上，黏合面向上，手握楦台部位，使楦底朝下，将前尖正对前掌外侧及前掌内侧，将楦头和鞋底反过来，使鞋底朝上先弯折一下至腰窝部位，再把后跟对正黏合，再把腰窝部位压实黏合。这种手法比较灵活，用于带沿条的盘式外底的黏合。

②反贴法：将帮楦置于两腿之间或放在支架上，使帮楦底部向上，左手握稳头部，将左手略微超出底盘的高度，右手握住外底边缘让黏合面朝下并对准帮楦前尖，使外底边口对准帮脚边口，让周围沿边进出一致，再对准后跟，将外底轻轻放置于底盘上，然后摆正腰窝两侧，当前、中后边距一致时再用手加压黏合，如图8-6所示。

这种方法操作的好处：双手操持外底，把握稳定而不会晃动。但当外底宽大时容易遮挡视线，适用于单底式外底的黏合。

注意：粘后跟时，如果鞋底稍长，需要将后跟往前用力推移，把多余部分集中在腰窝。如果鞋底稍短，则需要把鞋底用力拉伸，再黏合后跟。

③手持法：一只手握住外底边缘，用另一只手握住鞋楦，分别对准前掌后，将前掌中间点粘住，如图8-7a所示，再由前至后对准黏合面粘上。最后黏合后跟，如图8-7b所示，最后用力将鞋子口一圈压实，如图8-7c所示，适用多种类型的黏合。

(3) 合底注意事项

凡是黏合外底，其顺序是：前尖→后跟→腰窝，这样可适当调节外底微量的长度和偏差。因为内底腰窝和后掌硬挺，又有钢勾心支撑，不会因为外底的拉伸或皱缩而变形。

不同外底的黏合顺序：

①一般外底的黏合顺序：前尖→前掌外侧→前掌内侧→后跟→腰窝部位。注意先黏合腰窝中心，再黏合四周，以免底芯包有空气，造成开胶。

②卷跟鞋外底的黏合：前尖→小趾部位→拇指部位→跟口线→跟口面→吃趾线至腰窝。

卷跟鞋外底的黏合质量如何关键在于跟口线位置是否准确，否则会造成外底偏斜。可事先将外底舌片部分与鞋跟的跟口面黏合，然后再扣底黏合。

③墙式与盘式外底的黏合：黏合顺序和一般外底一样，注意黏合鞋

底两侧时要把边墙外翻，边墙上缘对准帮面上的子口线。

(4) 合外底的技术要求：

①严格控制烘干活化温度，确保黏合质量；

②黏合准确、端正、严密，无偏移、扭曲现象；

③子口线清晰、黏合严密，无余胶或胶丝；

④帮底黏合面紧密接触，底芯处无空气滞留，腰窝部位的空气应全部排出，避免穿用时气流挤压、膨胀而冲开黏合面，造成开胶；

⑤鞋底稍大时可先贴四周，将多余的部分向中间挤压并使其消散；

⑥有些便鞋在黏底时才放勾心，注意勾心摆放正确，不可歪斜；

⑦保持清洁，手不要触摸胶膜；

⑧帮底对位要仔细，需要看准贴合部位再实施黏合，力求一次成功。

8.2.5 压合

概念：覆底黏合后的外底并不牢固，需要将外底、帮脚及内底再加压黏牢，这种合底后再加压黏合的操作过程，称为外底压合或压合外底。也是黏合质量的三要素之一。

原因：固化黏合面，进一步排除气体，增大接触面积，促进胶粘剂分子的相互渗透，增加相互间的吸引力，以提高黏合强度。

如果是低边鞋，黏合外底之后直接用机器压合即可。如果是高边鞋，可不需要压合，黏合外底后用榔头沿外底边缘压一圈，尤其腰窝部位，然后把鞋头、趾跖部位等用榔头敲捶，便于黏接牢固。

外底的压合是在压合机上完成的。压合机的种类有很多，比如气垫式、气囊式、墙式、十字形，企业普遍采用气囊式和气垫式压合机，如图8-8a所示为气囊式压合机，图8-8b所示为气垫式压合机。

一般的气垫式压合机都是双工位的，结构有以下两种：

①压杆：有前足和后足，为防止压伤帮面上压杆前足的杆头，要内衬海绵，外边包裹皮革，皮革表面光滑，受压后不发黄，不掉色。放鞋：前足压住前帮的跗面部位，后足压住楦台部位。

②托架：带气垫，压合时把鞋放在气垫上，对准前足和后足，踩动踏板，顶杆带动托架一起上升，直到上压杆前足压住前帮的跗面部位，后足压住楦台部位。

稳压：一般来说压力越大，压合的时间越久，剥离强度就越大。但是压力太大或压得太久，会使皮鞋容易变形。稳压时间需要按照鞋底材质而定，若皮革底硬，时间应长一点；橡胶底软，时间可以短一点（表8-2）。

图8-8a 气囊式压合机

表8-2

外底分类	压力/MPa	时间/秒	外底分类	压力/MPa	时间/秒
猪、牛底革	0.5～0.7	10～12	仿皮底	0.4～0.5	6～8
橡胶底	0.4～0.6	7～8	微孔底	0.4	8～10
乳胶底	0.4～0.5	7～8			

卸压：两个工位有左右脚之分，要交替进行工作，有的压合机装有计时器，可自动控制压合时间和卸压操作。

图8-8b 气垫式压合机

图8-9a 急速冷冻机

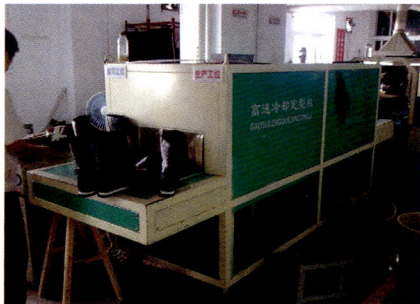

8-9b 急速冷定型

8.2.6 终端定型

终端定型也叫冷定型，是对鞋进一步做更加有效的定型方式，在低温状态下定型，使其变形更小、鞋型更稳定。冷定型就是将处于常温状态下的皮鞋急速冷冻到0℃以下，使鞋帮更加贴楦，鞋型更好。

终端定型的原因：①皮革具有弹塑性，经过热定型后，皮革内应力基本消失，但鞋面材料仍存在可塑性，需要急速冷定型，使鞋帮进一步收缩，释放皮革表面残余的弹性应力，使其产生永久定型作用。②胶粘剂尚未完全结晶和固化，需要冷冻进行快速固化。③提高生产效率。

定型条件：-15℃时冷却15～20分钟。用于胶粘皮鞋、线缝皮鞋、胶粘旅游鞋和运动鞋等产品的定型。

定型设备：冷冻定型机、急速冷冻定型机、冷却定型机和冷风定型机，如图8-9a、图8-9b所示。

8.2.7 出楦

概念：将鞋楦从鞋腔内部拔出的操作称为脱楦或出楦。

(1)出楦的基本条件

成鞋完全定型，黏合强度达到最大或达标，一般企业在流水线运转4小时以后开始出楦。如果不进行冷热定型直接出楦，对鞋的破坏相当严重，因为出楦时需要将鞋弯曲变形，等于在黏合面上施加了剪切力，而削弱了黏合强度。

(2)操作方法

鞋楦的结构不同，出楦操作方法也不同。整体楦和铰链弹簧楦一次性拉出；有楦盖的鞋楦必须先出楦盖，后出楦身；而两截楦先出后跟楦，再出前尖楦；加楔楦，先出楔片，后出楦跟，再出楦身。出楦的方法有手工出楦和机器出楦。

①手工出楦：楦位孔对准出楦钩，勾进去，两腿夹住楦体，两手握住主跟部位(注意不要握住鞋底，防止开胶)，双手往外脱鞋后跟，同时两腿用力往上顶(图8-10a)，先把楦体后跟脱出来，再双手用力把前面脱出(图8-10b)。

②机器出楦：不同的楦型都要首先调整操作步骤，实际操作时比较麻烦，所以企业多采用手工脱楦，如图8-11所示。

(3)出楦操作中易出现的问题

①坏口：指出楦时将鞋的口门、锁口线、后帮上口、横条等部位或部件撕裂的现象。产生坏口的原因：设计在帮面的分割未按照楦型结构和脚型规律进行，部件的尺寸、比例安排不合理；缝帮针码过小；帮面材料的自身强度低，未补强。②变形：指出楦后鞋发生扭曲、变跷、皱缩、开胶等现象。产生变形的原因：出楦方法不当；部件含水量过大；固型支撑材料硬度或支撑力不足；绷帮时主跟、内包头未与内底边缘搭接。③滞楦：鞋楦不能拔出，可能是因粘楦(粘帮脚时胶粘剂流到楦头尤其是腰窝里踝)或遗钉两种原因。④粘楦：可能因为溶剂未干而溶解了主跟内包头中的树脂，从而透过里皮粘楦。避免产生粘楦的方法通常可用榔头砸溜粘楦部位，用竹片插入鞋帮与楦体之间撬拔，再出楦。⑤遗钉：内底钉或帮脚钉遗漏，则要设法把主跟部位脱出，然后将螺丝刀或竹片插入，从鞋腔内拔动。

图8-10 手工出楦

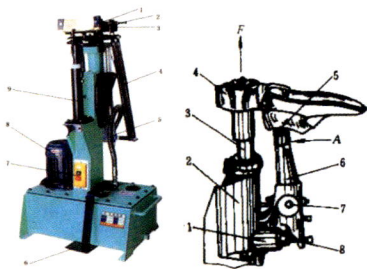

图8-11 液压拔楦机及拔楦机的工作原理

093

高等职业教育艺术设计类专业实践教材

9 流水线后段的工艺技术

本章主要学习机械化制鞋的后段技能，重点讲解了整理工段。该工段是比较简单的工段之一，学生将其作为一般知识点学习即可。

9.1 整理与修饰工段

由于原材料质量差异，以及操作过程对鞋造成的质量影响，需要进行整理与修饰，在成鞋包装前进行，是成鞋生产的最后一个工段，总体上包括整理和修饰两大部分。

9.1.1 整理

(1) 冲修鞋里

为方便绷帮成型，使后帮上口平齐并达到预定的高度，在后帮上口留有一定量的鞋里皮，用于钉上栓帮钉，脱楦后必须冲掉多余的鞋里皮。可采用手工冲里边或冲鞋里机完成。

(2) 平整钉孔与摸钉

内底留下固定帮脚的钉孔使内底面凹凸不平，需要平整钉孔，否则会硌脚或磨损袜子。摸钉：鞋内可能有遗钉，要用手进行地毯式的摸钉，如有异常，则尽快拔除。

(3) 鞋口整形后帮鞋口定型

多用于矮帮鞋鞋口定型，脱楦后后帮上口发生变形，应采用鞋口敲平整理和鞋口模压定型，可用鞋口敲平机进行操作。

鞋口敲平机：对鞋帮及鞋口边缘进行敲打和熨平的设备，工作原理：将其置于鞋口后再置于锤头和锤座之间，不断移动敲平，若锤座上伴有电热部件，敲平效果会更好，如图9-1所示。

后帮鞋口定型机：将需要定型的部位分别放在冷模(-15℃)和热模(60℃)中，通过加热、冷却、型腔加压等处理，使鞋口恢复如初，并使鞋型更加美观。原理是将鞋口放在楦腔中加热，迅速驱除，放在制冷楦腔中使其收缩，并在模具加压状态下定型，定型模具需要特制。

(4) 粘鞋垫

鞋垫的种类有通垫、半垫和后跟垫。按材质分，有底革、真皮、海绵、仿革垫、纤维垫等；从功效上分，又有除臭垫、香味垫、脚弓垫、透气垫、气垫等。

①使用纤维及代用材料做内底通垫：前尖部位比内底短1～1.5mm，脚趾部位以前宽度等于或略小于内底边缘长0.5mm，腰窝外踝部位比内底宽1～2mm，腰窝内踝部位比内底窄3～4mm。

②经过包边后的凉鞋内底如用整体式，则比内底周边缩小1～2mm。

图9-1 鞋口敲平机

③天然底革多使用半垫，长度为内底长度的55%～60%，一般由内底后端点至脚趾部位斜宽线后附近。

④为提高舒适性，应该在鞋垫下粘用薄海绵、单面绒帆布、里革制作衬垫。

操作方法：手工进行，在后跟部位粘贴衬垫材料，如泡沫海绵、轻泡片等，衬垫要比鞋垫的后跟四周少4mm，周边片出口呈斜坡状，在鞋垫内层上刷胶或使用双面不干胶带，随即将鞋垫贴进鞋内，如前掌处不平不挺，则需用刮尺将鞋垫推平整。也可用粘鞋垫机黏合。

（5）整修

鞋的清洁、整修与去污等外观整饰，可用手工或用清洁整修机操作。具体可分为以下三部分：

①去污：真皮鞋类可用鞋面清胶机除去溢胶部分，合成革可用去渍油或甲苯清洗，但不可粘到大底边缘喷漆部分，以免造成掉漆。如果使用溶剂去油污，应避免影响胶粘层面，以免产生脱胶现象。

②补胶：如果合底不严密，要用注射器注射胶液在帮和底之间进行补胶。

③吹线头：将帮面外露的多余线头用吹线机吹掉，另外吹线机还有消除帮面褶皱的效果，如图9-2所示为鞋用吹线机。

④再次检查是否有遗漏的中底钉，以免日后对消费者造成伤害。

⑤去皱烫平：帮面若有轻微皱纹、不挺、压痕或鞋里皱褶，鞋帮边缘有帮皱不平等现象，都需要采用烙铁烫平烘烤方法整修加工，也可在后面使用鞋面按摩机来整平。烙铁温度一般不能超过80℃～90℃，否则会烫焦革面。使用烙铁时，应先用烙铁蘸一下蜡饼和鞋油，以免损伤帮面。除了黑色面革用的黑蜡饼外，其他颜色均用白蜡饼。

9.1.2 清洁

皮鞋生产要经过多道工序的加工，除了原材料、操作等方面的原因容易使成鞋的某些方面受到损伤外，其他如开线、帮面撕裂等，加工过程中也会留下加工的痕迹和有待完善之处，比如胶渍、污渍、划料水、缺胶等。

（1）清洁剂

市场上的清洁剂可分为水性清洁剂和油性清洁剂两类，分乳液和膏乳状两种。水性清洁剂对帮面涂层无不良影响，可有效去除帮面污渍、油渍和汗渍及水银笔痕迹；溶剂型清洁剂主要用于漆皮、修面皮等，一般水性清洁剂用于真皮材料，而油性清洁剂主要用于PU、PVC、碎皮等比较低档的皮具。后处理操作时，要合理使用清洁剂。一般情况下，浅色皮鞋面革选择柔和型清洁剂，防止清洗造成掉色；涂饰层较厚的鞋面，则选择强力型清洁剂，有利于后续处理剂的渗透和结合；对于难清洗的污渍，则用强力型和超强型清洁剂；特殊类皮革（漆皮）选专用清洁剂。

清洁剂的作用：水性清洁剂主要用于清洁真皮，使毛孔扩张，除去渗透到皮革内部的划料水；油性清洁剂去污能力较强，但档次较低，主要用于清洁PU、PVC、碎皮等比较低档的皮具。

（2）操作方法

①用刷子和毛轮清除滑石粉，有静电吸附作用的粉尘可用超声波清洗机；

②用软布蘸清水擦拭，除去糨糊以及水溶性胶渍；

图9-2 鞋用吹线机

高等职业教育艺术设计类专业实践教材

③用生胶块擦掉余胶，或用软布蘸有机溶剂、清洗剂擦拭；

④用软布蘸汽油擦拭油污后用清洗剂清洗；

⑤用软布蘸丙酮擦拭，或清洗剂擦拭划料水；

⑥用毛刷蘸草酸刷洗白色或浅色帮鞋里上污物；

⑦用硬毛刷、铁丝刷刷除绒面革鞋帮上的糨糊、胶渍，但不得损失帮面而造成明显痕迹，然后用软布擦上相应的鞋粉、麂皮粉擦拭鞋帮，并用毛刷刷匀；

⑧用带有马尾轮(马尾轮比布轮和羊毛轮干净，不会有碎屑)的抛光机对鞋的表面进行灰尘清洁。

9.1.3 喷光

主要用以增加鞋革表面的光泽度，大致可分为一次喷光、二次喷光、三次喷光。

(1)一次喷光

一次喷光也可以采用抛光的方式。喷或涂填充剂(填充剂具有水性)以收缩毛孔和消除帮面小皱纹，改善局部松面和鞋里粗糙等不良现象，提高鞋面的耐摩擦性能。材料有水性填充剂(具有渗透和填充效果，对表面有遮盖作用，使革面自然、饱满，可用棉布、天然海绵均匀涂抹或用喷枪喷涂)和填充蜡(硬质蜡块用以填充毛孔，使皮面顺滑)，然后经过封闭的通道进行二次喷光。具体操作时真皮帮面先用油性清洁剂(不具备滋润鞋面和扩张毛孔的作用)，再用水性清洁剂清洁鞋面，因为使用油性清洁剂之后不能直接喷水性光亮剂。

(2)二次喷光

主要对鞋的头尾喷涂光亮剂，增加头尾的亮度。对真皮材料的帮面喷水性光亮剂；对于PU、PVC、碎皮等比较低档的皮喷油性光亮剂，经封闭的烘干通道(温度为50℃)进入到三次喷光。

(3)三次喷光

对鞋的全身喷光亮剂，以增加鞋全身的亮度。此次使用的光亮剂与二次喷光的光亮剂不同，是一种专门用于喷涂全身的光亮剂。

操作方法：采用专门的喷光机，操作人员把鞋子放在转盘上，右手拿喷头，左手转动转盘进行喷涂，注意喷涂的部位和均匀度。

9.1.4 抛光

抛光大致可分为一次抛光、二次抛光和三次抛光，可以根据场地情况和鞋的档次进行选择，可以减少抛光次数。抛光机如图9-3所示，如图9-4所示为抛光操作。

(1)一次抛光

经过清洁和喷光的帮面毛孔张开，一次抛光主要起到填充的作用，使用的是填充蜡，主要把毛孔填平，以增加帮面的蜡感和真皮感。

操作方法：使用装有布轮的抛光机(不能使用羊毛、马毛轮，因羊毛太软，马毛太硬)把填充蜡抛到布轮上，再抛到鞋的表面，注意抛光要均匀。布轮的转速一般为700～800转/分钟。

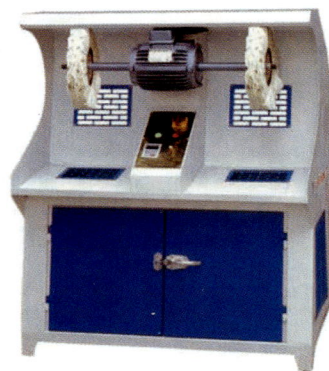

图9-3 抛光机

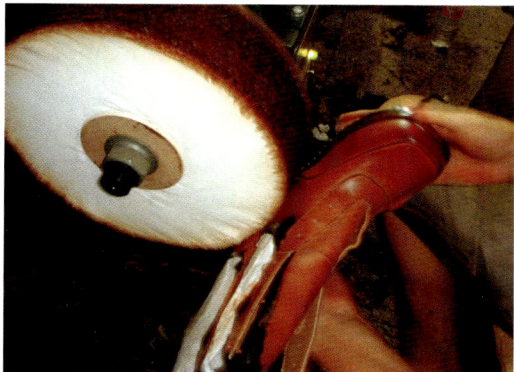
图9-4　吸尘变频调速抛光机器及抛光操作

（2）二次抛光

主要起到抛出亮度的作用，蜡块用的是抛光蜡。操作步骤如下：

①在打抛光蜡之前，先用干净的白布轮对帮面均匀地抛一下，使填充蜡填充均匀；

②打抛光蜡，将蜡块靠在抛光机的布轮上，蜡块受热后黏附在布轮上，然后对皮面进行填充和抛光，抛出鞋面亮度；

③一般在高档鞋装鞋入盒之前，还要用羊毛轮抛一下，以除掉皮鞋表面的灰尘，保持出厂前的清洁。

真皮材料的帮面只需要经过以上工序处理后即可，但是对于一些成本和质量都比较低的革如PU、PVC、碎皮、猪皮以及一些特殊效果的革，其处理方法和所用的处理剂都有所不同，使本来质量较差的革比较接近真皮。例如使用手感剂(改善手感油滑感、胶状手感)、防水剂(防水固定色泽)、熨烫剂(熨烫时，缓缓降低温度，消除褶皱，防止高温灼伤)和硬化剂(处理皮革切口断面。粘住毛纤维而不毛边，有染色美化效果)等进行后期处理，以达到提升皮革档次的作用。

9.1.5 特殊效果皮处理

①改色剂：主要考虑到经济效益原因，对价格很低的碎皮进行改色处理，经过改色，可以把任何浅颜色的碎皮改成深色，也用于帮面配色。对于这种低档鞋的后处理只需要对帮面喷涂改色剂改色即可，不需要进行其他喷光、抛光工序，以降低产品成本。

②柔软剂：主要作用使帮面呈现自然亮度，并拥有优良的手感和蜡感，使帮面更加柔软。主要用于合成革比如珠光革、漆革、擦皮革的表面恢复光泽和柔软度。不用于真皮材料，因为乳状的柔软剂不能与水性处理剂混合使用。

③磨砂剂：主要用于磨砂革，使帮面的绒毛均匀一致，顺理、光滑。

④绒面革：只用马毛轮抛一下，使毛顺理、清洁即可。

⑤猪皮：只需对头尾用水性光亮剂喷光即可，再用高光鞋油涂抹，以降低成本并保持透气性。

⑥擦皮：用硬布轮涂擦色蜡，抛鞋帮面，擦出底色即可。

⑦视觉效果的特殊处理：用军毯轮抛烧焦蜡，抛出烧焦效果。特殊效果的处理一般在热定型之后，合外底之前。处理效果要均匀，有仿古、仿旧、勾边、刷口等效果。

⑧其他处理：不同的材料采用不同的处理剂和不同的处理过程。例如纳帕革不能打填充蜡，因为蜡质材料填充不进去，况且纳帕革本身就有黑亮效果。

高等职业教育艺术设计类专业实践教材

9.2 成鞋检验工段

成鞋检验方法有两种，即感官检验和物理力学性能的检验。在鞋厂通常是以感官检验为主，进行逐双检验。检验人员主要依靠长期经验，通过目测、手摸、推敲、弯折和尺寸测量等手段来完成。

9.2.1 感官检验的相关内容

感官检验的内容包括以下几个方面：

(1)整体外观检验

手感目测法检验成鞋是否端正、平整、清洁无污、色泽一致，面、里、底、跟等有无缺陷。

(2)原辅材料的检验

帮面：主要检验材料的厚度、色泽、粒面、绒面粗细、材质与部位搭配、伤残情况等是否符合标准。

鞋底：主要检验材料的底色、花纹、装跟牢度、勾心的强度和安装位置等。

(3)产品结构造型检验

主要针对因为设计失误而造成的缺陷进行检验。

(4)操作质量检验

主要检验鞋帮质量和帮底结合质量。如缝线质量，有无跳线、断线、开线、浮线，面里结合是否平整；帮底结合是否紧密规整；鞋跟安装是否牢固等。

(5)总体结构检验

主要是对称端正和规格尺寸的检验，如：左右是否配成双、后帮高矮、鞋脸长短、外踝帮高、口门位置、后帮合缝是否歪斜、鞋跟中心线是否与楦体中心线重合、两耳的连线是否垂直于楦体轴线等。

9.2.2 包装入盒

经过后处理的成鞋需要在货架上放置一段时间，如图9-5所示，然后再用包装纸包装，加入防腐剂，如图9-6所示，粘贴上商标及鞋垫并包装放入鞋盒，如图9-7所示。

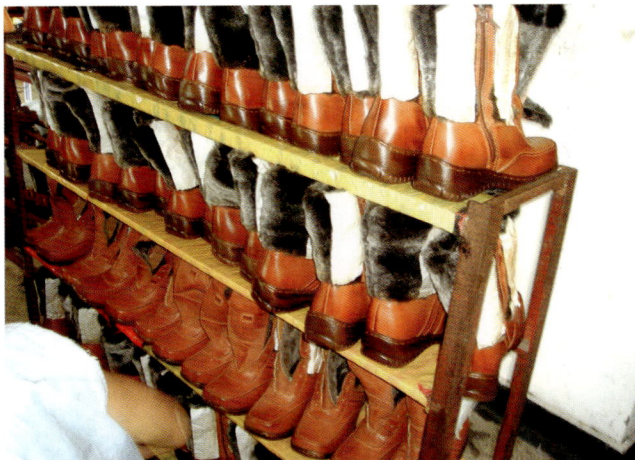

图9-5

图9-6

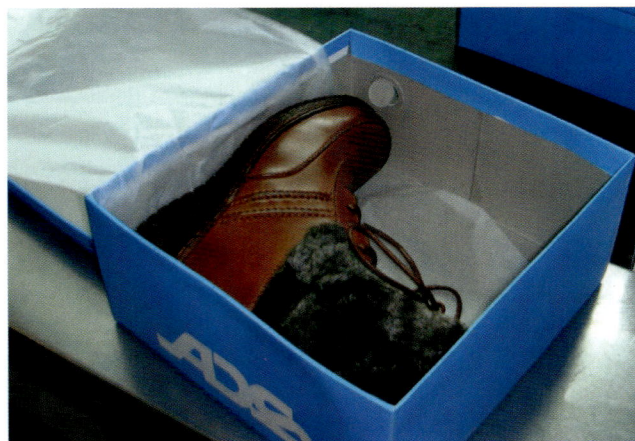

图9-7

高等职业教育艺术设计类专业实践教材

第五单元
工艺范例

高等职业教育艺术设计类专业实践教材

10 成鞋工艺范例

　　本章通过具有代表性的实例分别讲解了手工绷帮工序及机器绷帮工序，并配有大量的学习图片，学生学习时可以一目了然，从而快速掌握相关内容。尤其是实例三中流水线的图片讲解尤为清晰，学生应该认真学习。

10.1 女休闲鞋制作流程

10.1.1 鞋帮缝合

①鞋面零部件，如图10-1～图10-3所示均为帮部件下料后的形状。

图10-1 前帮与中帮

图10-2 口舌、后包跟及鞋口条

图10-3 鞋眼护片

②里料缝合，前帮与口舌搭缝，如图10-4所示，后包跟与中帮里皮缝合，如图10-5所示。

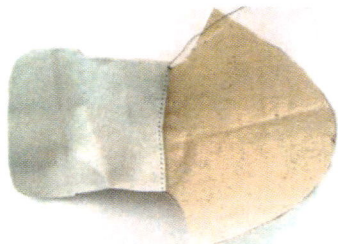
图10-4 前帮里皮缝合

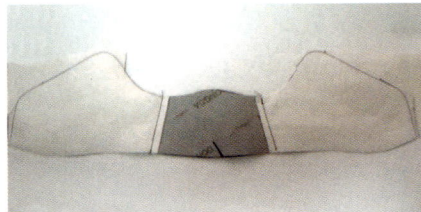
图10-5 后帮里皮缝合

③面料各部件缝合

缝合顺序：前帮各部件缝合均采用压茬缝法，如图10-6a～10-6c所示为前帮缝合顺序图。后帮各部件缝合均采用压茬缝法，如图10-7a所示为鞋口条的缝合，图10-7b所示为后包跟与内外踝中帮的缝合，图10-7c所示为鞋口与中后帮的搭缝。

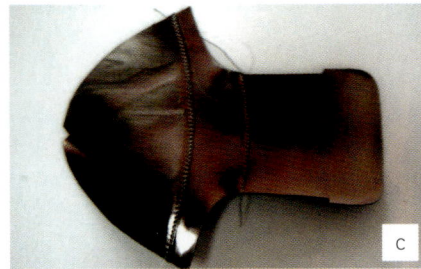

a
b
c

图10-6 前帮各部件缝合

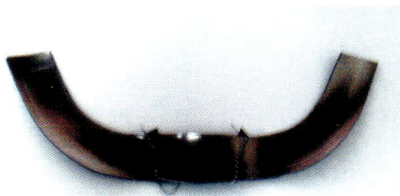

图10-7a　鞋口条的缝合

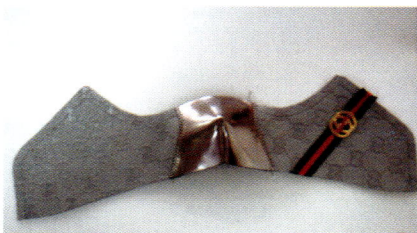

图10-7b　后包跟与中帮的缝合

图10-7c　后帮结合

④帮面与鞋里的缝合

接合顺序：前帮面与前帮里的缝合、后帮面与后帮里的缝合，最后为前帮与后帮搭接成完整的帮套。

前帮面与里缝合时，注意口舌处先粘贴海绵，如图10-8a所示，再与鞋里缝合，采用口舌三边平缝的方法，如图10-8b所示。

图10-8a　粘贴口舌

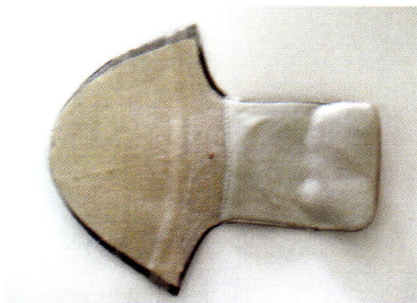

图10-8b　面里平缝

后帮反面要粘贴定型布，主要是为了提高成鞋的定型性，并与里皮按照定针点与面边口对齐缝合，如图10-9a所示；然后将里皮向帮面反面刷胶粘贴，注意也要加海绵口，接着将鞋眼护片搭上缝合，然后冲鞋眼，如图10-9b所示。

图10-9a　后帮粘贴衬布

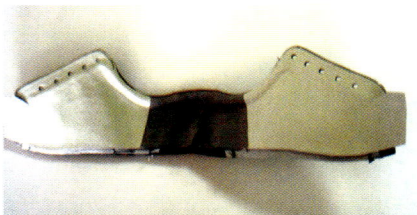

图10-9b　后帮面与里翻缝

最后将前后帮搭接，前帮（图10-10a）与后帮（图10-10b）沿标志线缝合，组合成完整的帮套，如图10-11所示，然后系上鞋带，完成鞋帮的制作，效果如图10-12所示。

图10-10a　前帮

图10-10b　后帮

图10-11 前后帮搭接

图10-12 完整帮套

10.1.2 帮底组合

(1)绷帮

将鞋楦钉上中底，绷帮。如图10-13所示为绷帮后的帮脚图，如图10-14所示为鞋面图。

(2)合底

将图10-14所示的半成鞋与鞋底黏合，效果如图10-15所示。

(3)脱楦

最后将鞋楦脱出，完成成鞋的制作。

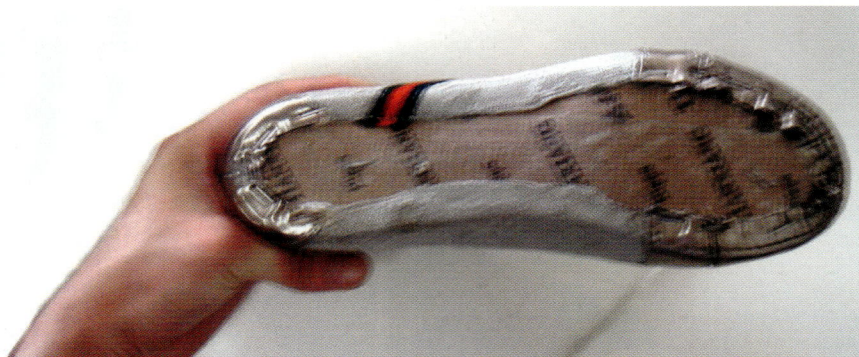

图10-13 帮脚图

图10-14 鞋面图

图10-15 成鞋图

10.2 女靴制作流程

10.2.1 鞋帮缝合
(1)鞋帮部件
此款靴为侧拉链前帮女靴，主要包括以下帮部件：内踝靴筒如图10-16a、10-16b所示；前帮（又称前帮）如图10-16c所示，外踝靴筒（已经合缝）如图10-16d所示。

图10-16a 内踝靴筒

图10-16b 内踝靴筒

图10-16c 前帮

图10-16d 外踝靴筒

(2)面料粘贴衬布
女靴的面料比较柔软，经过缝帮及绷帮等一系列操作之后，材料容易变形，而且靴的成型定型效果也不持久。为了增加其强度，在前帮包头处要粘贴包头布，如图10-17a所示，另外在靴筒后包跟处（图10-17b）及头排鼻梁处粘贴弹力定型布，如图10-17a所示。主要是因为材料过于柔软，以增加定型效果，尤其头排鼻梁处很容易变形，所以一定要加贴弹力定型布来增加定型效果。另外在外踝靴筒与后包跟相接处也要粘贴弹力定型布，粘贴衬布的效果如图10-17c所示。

图10-17a 后跟贴衬

图10-17b 头排贴衬

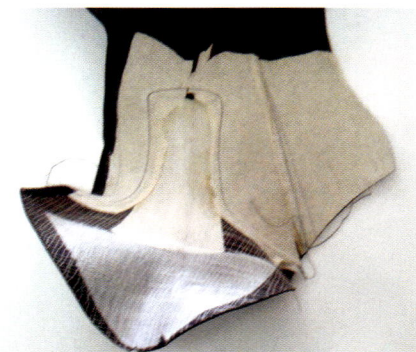
图10-17c 整体贴衬

(3)面部各部件缝合
整个靴面的缝合顺序：先将如图10-16d所示的外踝靴筒与如图10-16a所示的内踝靴筒缝合，采用搭接缝法，如图10-18a所示，然后搭接前帮，注意前帮缝合时最好用双面胶先粘贴固定，粘贴时要将前帮凹弧处拉翘粘贴，部件边缘要严格按照标志线粘贴缝合，标志线不能外露，如图10-18b所示。然后缝合两侧拉链，

高等职业教育艺术设计类专业实践教材

注意不要将拉链分开，因为前帮有翘度，缝拉链到前帮处要拉紧面料，拉链不分开是为了方便缝线时两侧对齐，使拉链两侧的靴筒边缘长度一致，不会出现靴子做好后拉链两侧一边高一边低的问题，如图10-18c所示。注意将拉链两侧部件对齐，尤其上口处，这时再将拉链牙齿分开，将靴筒后弧线处合缝，如图10-18d所示，完整的帮套已经缝合好。

图10-18a 缝合靴筒

图10-18b 搭接头排

图10-18c 缝合拉链

图10-18d 帮套

（4）里部件缝合

靴里部件包括五个，如图10-19a所示的头排与后跟，及如图10-19b所示的靴筒，靴筒已经拼缝。还有靴口围条，如图10-19c所示。将如图10-19a所示与如图10-19b所示各部件均采用拼缝方式缝合，再将鞋口围条搭接缝上，如图10-19d所示，最后靴里皮的最终效果如图10-19e所示。

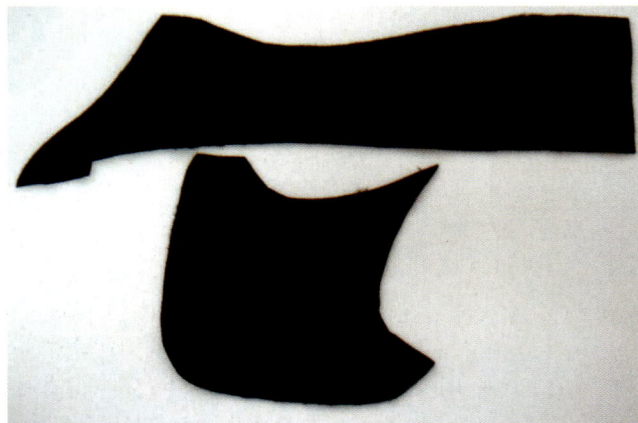
图10-19a 头排与后跟

图10-19b 靴筒

图10-19c　靴口围条

图10-19d　接缝鞋口围条搭

图10-19e　完整靴里

（5）面里接合

帮面部件与里皮缝合并上拉链头，注意将靴口拉链两侧边口对齐，并将帮脚拉链处内外踝搭接，组成完整帮套，将图10-20a所示的零部件合缝后与帮套采用翻缝法缝合，如图10-20b所示，再按照标志线粘贴在帮面上，缝合成完整帮套，如图10-20c所示。

图10-20a

图10-20b

图10-20c

10.2.2 绷帮并合底

将帮套绷帮在钉好中底的鞋
楦上，如图10-21所示。注意达到
绷帮要求，帮脚平整，皱褶分散均
匀。然后黏合鞋底，完成成鞋制
作，如图10-22所示。最后粘贴鞋
垫即可，如图10-23所示，图中的
两层鞋垫都要粘贴。因为是棉鞋，
主要为了保暖并且穿着舒适，所以
将黄色鞋垫粘贴在黑色鞋垫上，再
一起塞入鞋腔，粘贴在中底上。

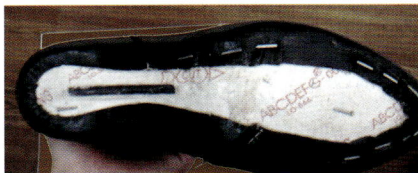
图10-21

图10-22

图10-23

10.3 男棉外销鞋机械法制作流程

10.3.1 制帮

制帮过程如图10-24～图10-27所示。

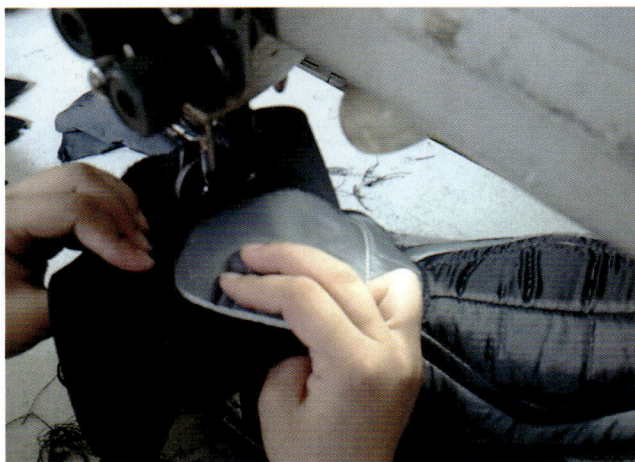
图10-24 缝帮

图10-25 缝里皮

图10-26 缝鞋垫

图10-27 修里皮

10.3.2 流水线
制作流水线工艺流程如图
10-28～图10-53所示。

图10-28 流水线

图10-29 刷胶

图10-30 装主跟内包头

图10-31 修里皮

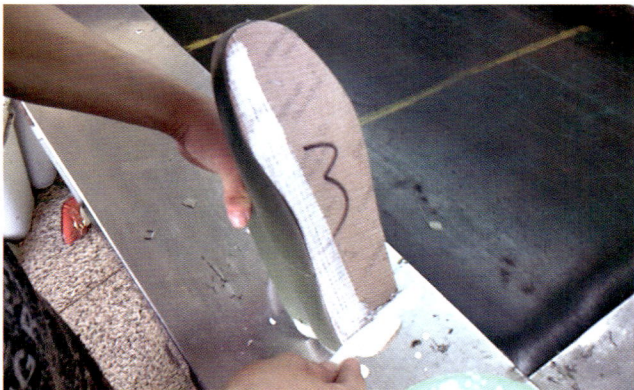
图10-32 刷中底绷帮胶

图10-33 刷帮脚绷帮胶

图10-34 中底和鞋帮经烘干通道烘干绷帮胶

高等职业教育艺术设计类专业实践教材

图10-35 绷前帮

图10-36 绷后帮

图10-37 拉中帮

图10-38 热定型进口

图10-39 热定型出口

图10-40 拔帮脚及中底钉

图10-41 刷帮脚处理剂

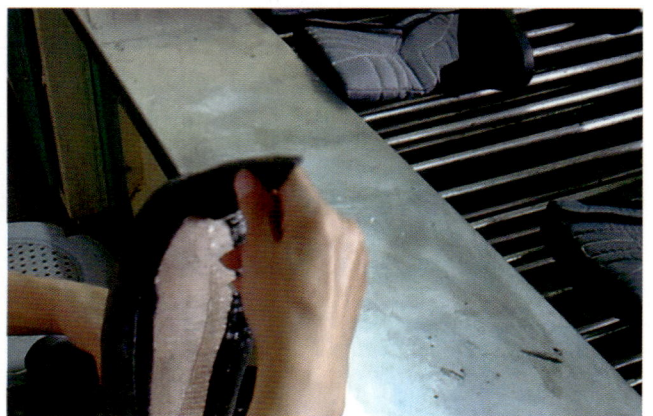

图10-42 刷帮脚及中底胶

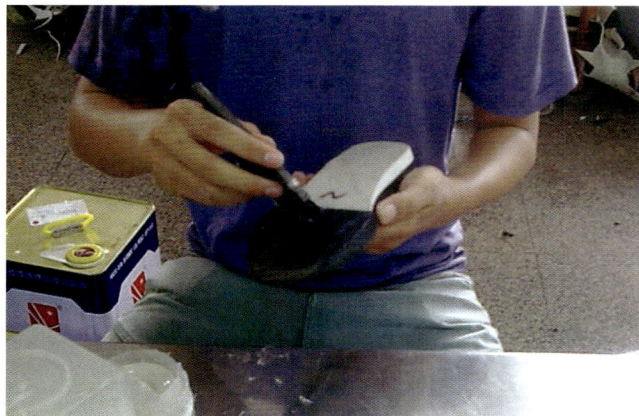
图10-43 刷鞋底胶

图10-44 刷胶后经烘干通道烘干

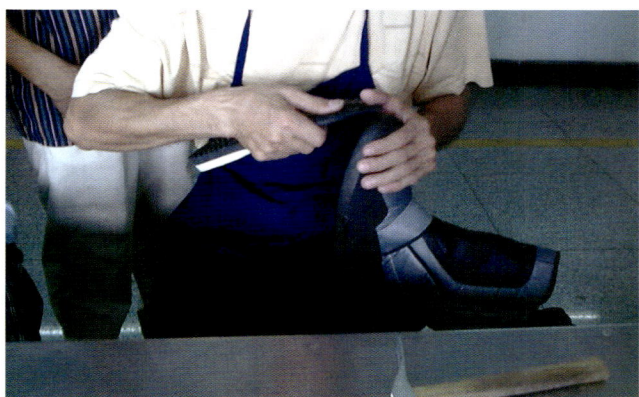
图10-45 合底→合鞋头

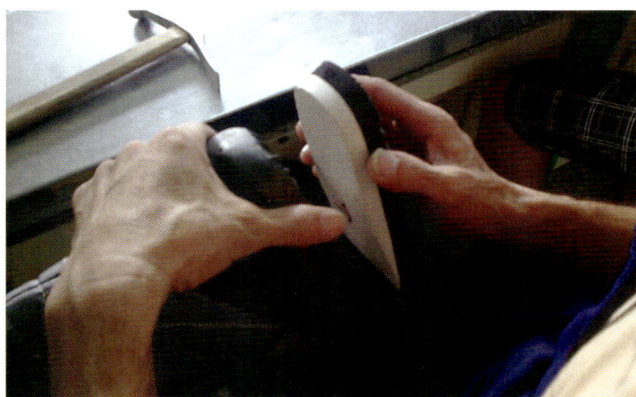
图10-46 合底→合后跟

图10-47 合底→压后跟

图10-48 压鞋头

图10-49 压合

图10-50 冷定型

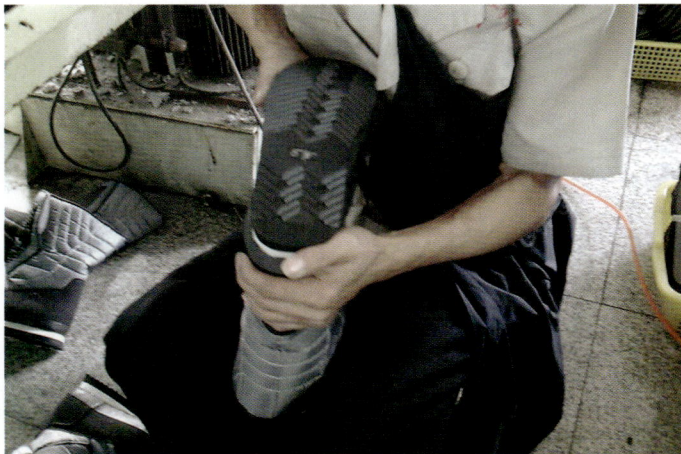

图10-51　脱楦→脱后跟

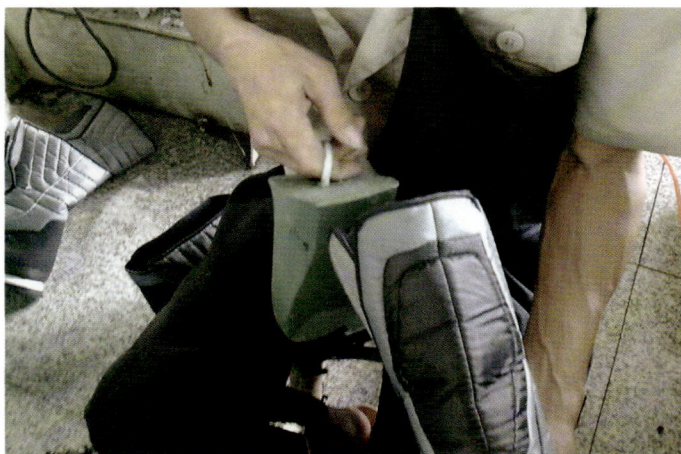

图10-52　脱楦→脱楦头

图10-53　整理工段

第六单元
附录

附录1 制鞋工序操作名称

序号	名称	定义	备注
5001	配料	配备鞋帮和鞋底的各种材料	
5002	领料	领取鞋帮和鞋底的各种材料	
5003	圈伤线	用笔圈点出鞋面革和鞋底革的伤残范围	
5004	机裁帮料	机器冲裁出鞋帮各种部件	
5005	划帮料编号	手工标划鞋帮的各种部件编号	
5006	剪帮料	按标划好的帮部件用手工裁剪下来	
5007	验帮片	检验鞋帮的面革和各种部件是否合格	
5008	配套	按照颜色、光泽、粒面粗细等要求将鞋帮部件配成双	
5009	机片边	机器片削皮革边缘	
5010	手片边	手工片削皮革边缘	
5011	刷胶	刷上各种胶浆和黏合剂	包括手覆片
5012	加衬布	鞋帮不够厚度标准、皮革伸缩太大时,可加衬布	包括鞋帮和鞋底
5013	加衬带	鞋口部分可加粘衬带,给予补强	
5014	打剪口	鞋帮部件弯曲的折边剪口	
5015	折边	鞋帮边缘向里折叠	
5016	凿花孔	帮面上敲凿花孔	包括花孔、花边、刻洞
5017	点标志点	装配鞋帮部件时的记号	
5018	机折条子	机器折叠皮条	
5019	缝梗	反面重叠,对缝出梗	包括整帮和二片
5020	穿花	用皮条在鞋帮上穿插出各种花纹	
5021	编花	用皮条编织出各种装饰花纹	
5022	高频热合压花	采用高频热合工艺压制花纹	
5023	粘部件	制帮时部件与部件的黏合	
5024	合后缝	正面重叠沿后缝边缘缝合	
5025	平缝后缝	将鞋帮后缝整平、缝合	运动鞋
5026	平后缝	后缝翻转后敲平	
5027	粘后缝衬布	后缝敲平后黏合衬布条	
5028	缝后缝明线	沿后缝轮廓边缘缝合出明线	
5029	粘保险皮	后缝上端黏合保险皮	
5030	缝保险皮	缝合保险皮	
5031	缝帮里	缝合鞋帮里部件	
5032	粘帮里	黏合鞋帮里部件	
5033	凿鞋眼	敲凿鞋眼圈	
5034	装鞋眼	安装鞋眼圈	
5035	开花	将鞋眼圈的脚敲平、锤开	
5036	缝反面	鞋面的反面缝合	
5037	缝反里	鞋里的反面缝合	
5038	翻面	将鞋面翻转	
5039	翻里	将鞋里翻转	包括缝合、翻里、黏合三道工序
5040	缝上口线	缝鞋后帮上口线	
5041	缝线	鞋帮的一般缝线	包括粗线、细线、花式线等等
5042	对缝前后帮	将前帮和后帮缝合在一起	
5043	缝腰条	后帮腰窝部件缝上条形部件	运动鞋
5044	缝沿口线	沿鞋口边缘缝上沿口皮	
5045	折沿口	将沿口皮折叠过来	
5046	缝包口线	沿鞋口边缘上包口皮	
5047	冲里边	冲切掉缝线外的多余鞋里	
5048	装鞋钎	安装鞋钎	包括缝、铆
5049	镶装饰件	岸标子装饰部件	包括金属纽扣、编织件
5050	接缝	一边压在另一边上,由面上直接缝线	
5051	翻缝	正面重叠缝合后,一般翻转折边,面上无线	
5052	剖缝	正面重叠缝合后,对翻开不压线	
5053	压缝	正面重叠缝合后,对翻衬里,在正面边沿处缝上压线	

高等职业教育艺术设计类专业实践教材

5054	对缝	整帮或二片反面重叠后,缝合面上出梗	
5055	平缝	部件之间边沿对齐并交叉缝合	
5056	锁口线	前后帮口门位置缝合线	起补强作用
5057	铆铆钉	鞋帮口门位置、锁口附近铆上铆钉	
5058	剪线头	将鞋帮的线头剪干净	
5059	塞线头	将鞋帮的线头塞进鞋里面去	
5060	缝内底	将鞋帮帮脚与内底边缘缝合	
5061	缝拉帮线	缝绷帮用的拉线	
5062	印号	打印上鞋帮的各种号码	
5063	鞋帮检验	检验鞋帮的质量	
5064	机裁底料	机器裁剪出鞋底的各种部件	
5065	底料片匀	鞋底部件片匀	
5066	片主跟	片削主跟边缘	
5067	片内包头	片削内包头边缘	
5068	片沿条	片削沿条边缘	
5069	片盘条	片削盘条边缘	
5070	片插跟	片削插跟皮	
5071	片半内底	片削半内底	
5072	片外底	片削外底边缘	
5073	片卷底	片削卷底边缘	
5074	沿条铣槽	沿条边缘开槽	
5075	砂主跟	主跟片削后砂光	
5076	砂内包头	内包头片削后砂光	
5077	砂沿条	沿条砂去表面皮青	
5078	砂半内底	半内底砂去表面皮青	
5079	砂内底	内底砂去表面皮青	
5080	砂外底	外底砂去表面皮青	
5081	砂内底边	内底边缘砂铣成型	
5082	内底破缝	内底边缘开槽剖缝	
5083	内底切口	内底边缘切开一层	机缝沿条工艺
5084	内底起埂	将切开的内底边立起	机缝沿条工艺
5085	内底挤梗	将立起的内底边缘挤压成埂	机缝沿条工艺
5086	内底粘梗	将立起的梗子黏合在一起	机缝沿条工艺
5087	开内底帮脚槽	内底边缘开槽	
5088	衬主跟	主跟不够厚度标准,衬上一层	
5089	衬半内底	半内底太薄,衬上一层	
5090	底部件压型	底部件预制压型	
5091	缝制	用线将帮底缝合成型	包括机缝、手缝、透缝、压沿条、缝沿条
5092	固定内底	将内底钉在楦底面上	
5093	修内底边	按楦底边缘轮廓修削内底边	
5094	内底片坡	内底边缘片削成坡面	
5095	内底铣槽	内底边缘挖铣出落线槽	
5096	内底打洞	凉鞋内底上打出洞眼	
5097	装主跟	安装主跟	
5098	装内包头	安装内包头	
5099	结鞋眼线	将鞋眼用线系上	
5100	撒滑石粉	鞋里面撒上滑石粉	
5101	后帮预成型	后帮装上预成型主跟,用机器拉压成型	包括前、中、后帮
5102	绷帮	将鞋帮绷固在鞋楦面上	
5103	拉线绷帮	采用拉线的工艺进行绷帮操作	
5104	钉钉	手工绷帮时将帮脚钉固在内底边缘上	
5105	烫平	将前后端的帮脚和跗跖部位褶皱熨烫平整	
5106	起钉	拔出帮脚上钉固的鞋钉	包括通条、半条、机缝、手缝
5107	缝沿条	将沿条缝合在帮脚和内底边缘之上	
5108	绊跟线	鞋跟部位的帮脚用直线缝在内底上	
5109	割帮脚	割掉帮脚的多余部分	
5110	平沿条	将沿条整平	
5111	钉盘条	钉上盘条	

高等职业教育艺术设计类专业实践教材

5112	修沿边	修削沿条的外边缘	
5113	装鞋勾心	腰窝部位安装鞋勾心	
5114	绊鞋勾心	将鞋勾心固定	
5115	填底心	将帮脚与内底间的沟坎填平	
5116	钉插跟	盘条面上钉上插跟	
5117	合外底	装上外底	
5118	削底边	修削外底边缘	
5119	开槽	开外底边缘上的落线槽	包括拉槽、起槽、刮槽，又分明、暗两种
5120	缝外线	将沿条和外底沿边缝合	
5121	缝内线	将帮脚和内外底沿边缝合	
5122	合槽	将外底落线槽闭合	
5123	擀平	将外底整平	
5124	压道	按沿条上外线的针迹压出一道道条纹	
5125	压花轮	沿外底落线槽的缝隙滚压花纹	
5126	修底边	修整鞋底边缘	
5127	钉鞋跟里	钉皮鞋跟	
5128	钉鞋跟面	装钉鞋跟面	
5129	割鞋跟口	将鞋跟口割切整齐	
5130	修鞋后跟	修削鞋跟侧面	
5131	砂底边	砂磨鞋底边缘	
5132	清边	消除鞋底子口处的多余底边	
5133	涂色	上鞋底边缘的颜色	
5134	烫蜡	鞋底边缘烫上鞋用蜡	包括沿条和鞋跟侧面
5135	擦蜡	将鞋底边缘的蜡擦匀擦亮	
5136	砂底面	将外底表面砂磨干净	
5137	刷菜水	将外底表面刷上菜水(着色)	
5138	擦底面	将外底表面擦平擦亮	包括石花菜、龙须菜、白芨
5139	砸号码	在外底的腰窝部位敲上号码	
5140	美化底面	将外底面进行美化	
5141	喷光亮剂	在外底表面上喷涂一层光亮漆	
5142	出楦	将鞋楦从鞋中拔出	
5143	盘钉	将装鞋跟的钉脚倒伏	
5144	印商标	在鞋垫上或鞋的外底上印上商标	
5145	粘鞋垫	在鞋内底上粘上鞋垫	
5146	整理	成鞋出楦后进行必要的修整	
5147	成鞋检验	检验成鞋的外观质量	
5148	包装	将成鞋包装	
5149	胶粘	使用黏合剂将帮底黏合成型	
5150	包内底	内底面上包上一层皮革	包括冷粘、热粘
5151	包前掌	前插掌上包上一层皮革	包括软木片、轻胶片的内底
5152	包鞋跟	将木质或塑料鞋跟包上一层皮革	
5153	铣底边	机器铣削外底边	
5154	修余边	指成型胶底	
5155	砂帮脚	帮脚起绒	
5156	活化	帮脚和外底刷胶后经过热辐射处理	
5157	压合外底	安装好外底跟皮的余边	
5158	装鞋跟	安装鞋跟	
5159	冲卷跟皮	冲切掉卷跟皮的余边	
5160	模压	采用模具将帮底压合成型	
5161	干燥	刷胶后让胶浆风干	
5162	粘胶条	帮脚部位粘贴上一层胶条	
5163	套楦	将缝上内底后的鞋帮套在鞋楦上	
5164	称胶料	每只鞋底胶料称量	
5165	放胶料	将称量后的胶料放入鞋模中	
5166	放填充	在鞋跟部位放置填充物	
5167	合模	将鞋模关闭	
5168	开模	将鞋模打开	
5169	冲外底	冲切外底胶料	

高等职业教育艺术设计类专业实践教材

5170	冲胶跟	冲切胶跟胶料	
5171	冲内底	冲切内底胶料	
5172	烫帮脚	熨烫帮脚	
5173	垫内底	在内底上面粘上一层内底,使帮脚平整	
5174	粘围条	在帮脚的外底边缘上粘一圈胶条	
5175	压滚轮	用滚轮将黏合的部件压实粘牢	
5176	缠带	将合上外底的鞋用带子缠紧	
5177	硫化	橡胶在高温高压下硫化成型	指二次硫化
5178	解带	将缠紧的带子解开	包括二次硫化,低温硫化
5179	热定型	合成革鞋的热定型处理	
5180	冷却	将温度降下来	
5181	注压	采用熔融状态的胶料注射在鞋模中压成型	
5182	粘缝结合	缝制和胶粘两种工艺合并使用	包括注塑注胶
5183	帮包内底缝粘结合	鞋帮包住内底并采用缝粘两种工艺	
5184	钉钉装配	用钉子将鞋帮钉在底边上	
5185	插帮胶粘	将鞋帮插入内底挖的孔洞中的胶粘工艺	多用于凉鞋和拖鞋
5186	插帮缝制	将鞋帮插入内底挖的孔洞中的缝制工艺	
5187	鞋帮半成品	未做成的鞋帮	
5188	鞋帮成品	制成的鞋帮	
5189	绷帮在制品	绷帮后需进行下道工序的在制品	
5190	在制品	正在进行生产的产品	那道工序完了就叫那道工序在制品
5191	成鞋	生产工序全部完成后的鞋	
5192	锯圆木	将圆木锯成一截截	
5193	划三角线	在圆木截面上划三角线	
5194	锯三角坯	按三角线锯开成三棱柱	
5195	锯胚角	锯前后转弯处的棱角	
5196	锯跗面	锯出楦坯的跗面	
5197	刻毛坯	机器刻制毛坯	
5198	楦头后跟封蜡	楦的前后部位浸蜡	
5199	粗刻	机器粗刻鞋楦	
5200	细刻	机器细刻鞋楦	
5201	钻孔	鞋楦钻孔	
5202	铣楦前头、后跟	铣削楦的前头和后跟	
5203	锯盖	锯开楦盖	
5204	锯盖槽	楦盖起槽	
5205	锯开	将鞋楦锯成前后两节	
5206	拉槽	两节楦上开出槽子	
5207	装销子	两节楦上安装销子	
5208	装销簧	两节楦上安装销簧	
5209	铣楦头	机器铣销楦的前头	
5210	粗铣楦后跟	机器粗洗楦的后跟	
5211	细洗楦后跟	机器细洗楦的后跟	
5212	钉盖口	在楦盖的统口部位用钉固定	
5213	粗刨	手工粗刨鞋楦	
5214	锉楦	手工锉鞋楦	
5215	细刨	手工细刨鞋楦	
5216	粗砂	手工粗砂楦	
5217	细砂	手工细砂楦	
5218	鞋楦检验	检验鞋楦的尺寸和质量	
5219	设计底样	设计鞋楦的楦底样	
5220	划底料	在毛坯上按楦底样划出轮廓线	
5221	砍细毛坯	砍出细毛坯鞋楦	
5222	镶铁	在标样楦的底边缘轮廓线上嵌进一条铁的边棱	
5223	机器扩缩样板	用放样机扩缩鞋帮和鞋底各种样板	
5224	手工扩缩样板	手工扩缩各种样板	
5225	翻制铝楦	铝楦翻砂	
5226	刷清漆	鞋楦表面涂刷青漆	

高等职业教育艺术设计类专业实践教材

附录2　皮鞋产品质量缺陷名称

序号	名称	定义	备注
7001	楦底长短不一	鞋楦底长不一致	指同双鞋楦
7002	跗围大小不一	鞋楦跗围不一致	指同双鞋楦
7003	头厚过薄	楦体头厚尺寸不够	
7004	楦第过凸	前掌凸度过大	
7005	造型差	楦体式样观感差，造型不合理	
7006	用料不当	后优于前，内优于外，伤残、厚薄利用不当	
7007	色差	颜色差别大	
7008	光泽差	无光泽或光泽不够	
7009	粒面粗细不一	同双鞋皮革粒面粗细不一致	指正面革
7010	绒毛粗细不一	同双鞋皮革绒毛粗细不一致	指绒面革
7011	脱色掉浆	掉色和涂饰层脱落	
7012	前帮松面	前帮皮革表皮松	指正面革
7013	片边厚薄不匀	皮革边缘片削后厚薄不一致	指同一边沿和同一部位
7014	接帮过厚	接帮处边缘太厚	
7015	折边不齐	折边不圆滑、不整齐	
7016	折边厚薄不匀	皮革边缘折边后，厚薄不一致	
7017	剪口过深	折边转弯处和前后帮接帮处剪口打得太深	指折边凹处和鞋耳帮里处
7018	帮面裂边	折边炸裂	
7019	并线重针	两道或三条线并行有重叠的	
7020	跳线	面线和里线脱钩	
7021	断线	面线或里线脱钩	
7022	针码不匀	缝线针迹长短距离不一	
7023	针码过稀	缝线针迹距离过大	
7024	针码过密	缝线针迹距离过小	
7025	线道不齐	线道和边距不整齐，歪歪扭扭	
7026	缝线越轨	线道缝到部件边缘外边去了	
7027	缝帮裂口	缝线针迹处面革裂口或断裂	
7028	翻线	底线翻到了鞋面上，面线翻到了鞋里上	
7029	冲里边断线	冲切鞋里余边时，将里线冲断	
7030	露线头	帮面上有线头	
7031	冲里边不齐	鞋里边沿不整齐，歪歪扭扭	
7032	接帮不平	接帮处厚薄不匀或扭曲不平	
7033	沿口粗细不匀	沿口宽窄和粗细不匀	
7034	鞋眼不牢	鞋眼松动容易脱落	
7035	鞋钎装饰不牢	鞋钎和装饰件松动，容易脱落	
7036	绷帮不平整	帮面未绷平和不符楦	
7037	帮歪	前帮口门不正	
7038	前条皮歪	前条皮不正和歪歪扭扭	
7039	后帮歪	后帮中缝不正	
7040	主跟软	主跟下部软	
7041	内包头软	鞋的前尖部内包头软	
7042	主跟歪	主跟安装一边高一边低或一边大一边小	
7043	内包头歪	内包头包装一边高一边低或一边大一边小	
7044	主跟过高	主跟安装太高	
7045	主跟过矮	主跟安装太低	
7046	主跟不平	主跟有凸凹不平现象	
7047	主跟上口硬	主跟上部硬且无弹性	
7048	内包头上口厚	内包头上口太厚，现沟坎	上口指小趾端点部位
7049	包头大小不一	鞋帮的包头部件大小不一	
7050	外包跟高矮不一	鞋帮的外包跟部件大小不一	
7051	鞋跟不牢	鞋跟安装松动，容易脱落	
7052	主跟大小	主跟大小不一致	指同双鞋
7053	内包头大小	内包头大小不一致	指同双鞋

高等职业教育艺术设计类专业实践教材

7054	前帮盖大小不一	前帮盖大小不一致	指同双鞋
7055	前帮围高矮不一	前帮围高低不一致	指同双鞋
7056	口门大小深浅不一	口门有大有小、有深有浅	指同双鞋
7057	后帮缝高矮	后帮中缝高低不一致	指同双鞋
7058	前帮长短	前帮有长有短	指同双鞋
7059	外踝帮过高	鞋帮外踝部位超过脚的外踝骨高	
7060	鞋里破损	鞋帮里子有破损	
7061	鞋里不平整	鞋里不伸,褶皱和帮面分离	
7062	鞋里过小	鞋里下边缘没包住内底边	
7063	内底过梗	缝沿条时内底不平,有锥迹	
7064	内底露线缝	缝沿条时内底里面露线	
7065	沿条露线	子口里面露沿条的缝线	
7066	沿条不平不齐	沿条平面高低不平、边缘不齐	
7067	沿条接头不平	沿条与盘条的接口处不严合、不平整	
7068	子口不严不齐	帮底结合处的缝隙大,不齐	
7069	胶条过底	帮底结合处的胶条有高低	指硫化模压鞋
7070	帮脚不平	帮底结合处高低不平	
7071	露帮脚	帮脚砂毛迹印露在外底边边缘的外面	
7072	缝底翻线	缝底时露底面线	
7073	缝底断线	缝底时断线	
7074	缝底缺针跳针	缝底时少缝几针或底面线脱钩	
7075	缝底裂口	缝线针迹处断裂或裂口	
7076	缝底针码不齐	缝底的针码有稀有密,出进不一致	
7077	缝底针码过稀	缝底的针码太稀	
7078	缝底针码过密	缝底的针码太密	
7079	底心不平	底心没有填平整	
7080	外底长短	外底长短不一致	指同双鞋
7081	外底厚薄	外底厚薄不一致	指同双鞋
7082	外底肥瘦不一	外底宽窄不一致	指同双鞋
7083	前掌大小不一	外底腰窝部位前的前掌大小不一	指同双鞋
7084	底歪	外底内翻或外翻	
7085	鞋跟高矮不一	包含鞋跟口和鞋跟后部	指同双鞋
7086	鞋跟大小不一	包含鞋跟底部和面部	指同双鞋
7087	鞋跟面不平	鞋跟面凸凹不平	
7088	鞋跟口过高	鞋跟前部横向竖直面过高	位于腰窝部位附近
7089	鞋跟口过低	鞋跟横向竖直面太矮	位于腰窝部位附近
7090	鞋跟口不齐	鞋跟前部横向竖直面过高	位于腰窝部位附近
7091	鞋跟面钉子不匀	鞋跟面钉子间距和边距不匀	
7092	鞋跟口不严	鞋跟前部与外底接口不严	位于腰窝部位附近
7093	鞋勾心软	鞋勾心不够硬度	
7094	底无光泽	外底表面不光亮	
7095	碰伤	制作过程中碰坏鞋面革	
7096	帮面伤残	鞋帮主要部位有伤残,利用不当	
7097	断帮脚	帮底结合处,帮脚从子口处破裂	
7098	钉伤	鞋钉划破鞋面和不应有的钉眼	
7099	脱条	胶条粘不牢,脱落或弹开	
7100	开胶	帮底结合处外底脱落或弹开	
7101	缺胶	胶料没有填满底模,鞋底有缺陷	
7102	刀伤	刀划破或划开皮革的表层	
7103	过硫	过度硫化后有老化迹象	手捏有粉屑脱落
7104	欠硫	硫化不完全	手捏有白印
7105	喷硫	胶底表面喷出一层白色薄膜	
7106	起泡	外底与内底间黏合不严,鼓气泡	
7107	外底有微孔	橡胶底的胶质疏松	指一般橡胶底,不指微孔底
7108	内底有钉	内底里的定位钉忘记拔出	
7109	钉脚不平	鞋跟的钉脚没有盘平	
7110	底边裂缝	沿条与外底盘间出楦后裂缝	

7111	敞口	出楦后鞋口不伸，弯曲变形	
7112	不清洁	成鞋有污物杂色	包括鞋面、鞋里、鞋底
7113	勾心不正	勾心不在腰窝部位正中	
7114	木跟钉裂	安装木跟时将木跟钉炸裂	
7115	鞋垫不牢	鞋垫黏合不牢固	包括松动和脱落
7116	底花不协调	鞋底花纹设计不合理和前后不协调	
7117	防滑性差	外底防滑性差	指鞋底花纹
7118	底花不清晰	外底花纹太乱，看不清楚	
7119	底面不平	外底表面凹凸不平	
7120	外底突前	外底位置安排靠前	
7121	外底落后	外底位置安排靠后	
7122	内底不平	内底钉眼没磨平	
7123	卡钉不平整	卡钉高低、松紧不一致，不平	运动鞋
7124	鞋过重	成鞋超过一般重量	
7125	鞋底过凸	外底前掌部位太凸出	
7126	前后帮比例不协调	鞋帮前后、大小比例超过一般规格	包括鞋帮各部件
7127	打蜡不光亮	边缘没打出棱边来	
7128	鞋跟裂缝	鞋跟里皮间，盘条插跟之间，出楦后裂缝	
7129	外底收缩	外底收缩产生裂痕或沟坎	
7130	包鞋跟不平	鞋跟皮包的不紧、不平、不伸	
7131	卷跟冲边不齐	卷跟皮冲切不整齐	
7132	商标不清晰	商标看不清楚或太杂乱	
7133	鞋号不清楚	鞋号看不清楚	
7134	头型不一	成鞋前尖部位大小和形状不一	指同双鞋
7135	凉鞋前空不一	凉鞋前面露空大小不一致	指同双鞋
7136	凉鞋条带穿插不齐	凉鞋条带穿插不整齐或位置不一致	
7137	凉鞋内底开槽不匀	开槽过大或过小	
7138	凉鞋内底厚薄	凉鞋内底厚薄不一致	
7139	顶脚	脚与鞋的长短不相符	
7140	坐跟	成鞋主跟下塌	
7141	压脚面	成鞋跗背过低	
7142	挤脚	成鞋宽度过于窄小	
7143	勒脚	鞋带安装太向后或前帮过深	
7144	扯断强度差	外底材料的扯断强度不够	
7145	磨耗高	外底材料的磨耗太大	
7146	伸长率小	外底材料的伸长率太小	
7147	剥离性差	外底和内底帮脚黏合不够牢固，容易剥离	
7148	屈挠差	外底材料屈挠性能差	
7149	硬度差	外底材料的硬度差	

高等职业教育艺术设计类专业实践教材

参考文献

【1】于连名. 皮鞋工艺学. 北京：中国轻工出版社，1993.

【2】弓太生. 皮鞋工艺学. 北京：中国轻工出版社，1998.

【3】王金龙. 皮鞋工艺. 北京：中国轻工出版社，1987.

【4】刑德海. 中国鞋业大全. 北京：化学工业出版社，1987.

【5】高士刚. 皮鞋材料. 北京：中国轻工出版社，1994.

【6】轻工业部制鞋工业科学研究所. 中国鞋号及鞋楦设计. 北京：中国轻工出版社，1982.

【7】郑秀康. 现代胶粘皮鞋工艺(上、下册). 北京：中国轻工出版社，2006.

后记

　　自改革开放以来，我国皮鞋制造业无论在品种、产量、质量、技术以及工业基础等各方面都得到了长足的发展，但是在皮鞋工艺技术方面缺乏指导性的图书，尤其在国内鞋业快速发展的今天，鞋类工艺实训教材显得非常缺乏。本人作为"中国鞋都"——温州的温州职业技术学院的骨干教师，主要从事皮鞋工艺技术课程教学，深感有责任组织编写一本紧密结合鞋类企业实际的教材，不仅为在校学生提供实用教材，同时还可供企业从业人员学习之用。

　　这本教材是参照我国皮鞋企业实际工艺流程来编写的，按照行业标准编写出具体操作方法、工艺标准、质量控制和产品检验等内容。本书采用了大量的插图增加了可读性。追求一目了然的效果，尽可能地做到内容详实和更具实用性，以满足不同知识层面读者的阅读需要。

　　本书编写过程中得到了同事王剑、李贞、崔同赞、舒世益老师及其他同事的大力合作与帮助，另外企业界的朋友也提供了大量的技术支持，在此一并表示感谢！

　　该书存在着很多不足之处，甚至会存在不当和错误，恳请广大鞋业界的同仁批评指正。

史丽侠

2009年1月